动物学实验

（第2版）

主　编　温安祥　胡永婷　孙　平
副主编　朱广香　徐纯柱　武佳韵

西南交通大学出版社
·成都·

图书在版编目（CIP）数据

动物学实验 / 温安祥，胡永婷，孙平主编. -- 2 版.
成都：西南交通大学出版社，2024.6. -- ISBN 978-7-5643-9892-7

Ⅰ．Q95-33

中国国家版本馆 CIP 数据核字第 202414CJ20 号

Dongwuxue Shiyan
动物学实验
（第 2 版）

主　编／温安祥　胡永婷　孙　平	责任编辑／牛　君
	助理编辑／杨　曦
	封面设计／何东琳设计工作室

西南交通大学出版社出版发行
（四川省成都市金牛区二环路北一段 111 号西南交通大学创新大厦 21 楼　610031）
营销部电话：028-87600564　　　028-87600533
网址：http://www.xnjdcbs.com
印刷　四川煤田地质制图印务有限责任公司

成品尺寸　185 mm×260 mm
印张　7.5　　插页　6　　字数　203 千
版次　2012 年 8 月第 1 版　　2024 年 6 月第 2 版
印次　2024 年 6 月第 8 次

书号　ISBN 978-7-5643-9892-7
定价　29.00 元

课件咨询电话：028-81435775
图书如有印装质量问题　本社负责退换
版权所有　盗版必究　举报电话：028-87600562

《动物学实验》编委会

主　　编　温安祥（四川农业大学）

　　　　　胡永婷（山西农业大学）

　　　　　孙　平（河南科技大学）

副 主 编　朱广香（四川农业大学）

　　　　　徐纯柱（东北农业大学）

　　　　　武佳韵（四川农业大学）

参　　编　（按姓氏笔画排序）

　　　　　王　勤（四川农业大学）

　　　　　尹福泉（广东海洋大学）

　　　　　刘　学（四川农业大学）

　　　　　李彦明（山西农业大学）

　　　　　陈　晶（黑龙江八一农垦大学）

　　　　　姜延志（四川农业大学）

　　　　　郭自荣（东北农业大学）

　　　　　韩　雷（河南科技大学）

　　　　　谢桂林（东北农业大学）

　　　　　解　萌（四川农业大学）

第 2 版前言

本教材自 2012 年 8 月出版发行以来，已使用十载有余。在使用过程中我们陆续发现一些值得改进之处。为进一步完善内容，在西南交通大学出版社的指导和四川农业大学本科教材专项建设项目资助下，我们对教材进行了修订改版。

本次修订保持了第 1 版的框架体系，在内容上没有进行大的改动，主要做了以下几方面的工作：一是在文字表述上做了较多修改，力求语言更严谨，条理更清楚；二是补充了普通光学显微镜油镜的使用方法，并简要介绍了体视显微镜、暗视野显微镜、相差显微镜和电子显微镜等特殊用途显微镜的特点和主要用途；三是比较详细地叙述了脊椎动物各纲代表动物的处死方法；四是在附录部分补充了昆虫标本的保存和维护方法，以及制作骨骼标本清除肌肉的常用方法。

教材修订期间，我们得到了所在学校领导和师生们的关心、帮助与支持，在此一并致以衷心感谢！

限于编者水平，书中仍难免有疏漏、不足之处，恳请同行和读者不吝赐教。

编 者

2024 年 2 月

第 1 版前言

动物学课程的实践性很强,是高等农林院校生物类专业的重要基础课。实验环节的教学对于学生理解基础知识和基本理论、培养实验技能起着重要的作用。本教材在借鉴同类教材的基础上,按照动物进化的主线组织编写内容,包括各类群代表动物的形态观察或解剖、常见种类介绍和部分脊椎动物类群的分类示例。

因制作石蜡切片过程中人为因素的干扰,实物切片的显微结构与教材模式图往往有较大的差别。在编写过程中,补充了多幅实物图片,并将彩色图片集中附于书末的附图部分,力图解决学生在使用显微镜观察时不易将自然结构和人为假象区分开来的问题。结合教材中对应的模式图,让学生理解并掌握石蜡切片法观察动物组织结构的原理和方法。端正学生认真刻苦的学习态度,培养学生的科学探究精神。

本书安排了鱼类、鸟类和兽类的分类学实验,其目的是让学生掌握动物分类的基本方法,可根据专业特点选做。

本书附录中编写了实验动物的采集与培养以及各类动物标本的制作技术等内容,让学生了解获取实验材料的方法,也为学生将来学习其他相关课程或开展相关实验研究提供参考资料。

实验后有作业题,可帮助学生深入理解实验目的,掌握与实验内容相关的知识与技能。

本书的编写特色是注重基础,简明实用,突出了对学生基础知识、基本方法和基本技能的训练,使实验内容利于学生举一反三、触类旁通。实验中所用材料易得,方法易行,操作过程描述详尽。

本教材的编写得到了四川农业大学教务处的大力支持,在此深表谢意。

限于编者水平,不妥之处在所难免,敬请读者批评指正。

编 者
2012 年 5 月

目 录

动物学实验须知 ………………………………………………………………………… 1

实验 1　显微镜的使用和动物的基本组织 …………………………………………… 2

实验 2　草履虫和眼虫 ………………………………………………………………… 8

实验 3　水　螅 ………………………………………………………………………… 12

实验 4　涡虫、蛔虫和蚯蚓 …………………………………………………………… 15

实验 5　河蚌的形态与结构 …………………………………………………………… 19

实验 6　螯虾的形态与结构 …………………………………………………………… 23

实验 7　蝗虫的形态与结构 …………………………………………………………… 27

实验 8　文 昌 鱼 ……………………………………………………………………… 33

实验 9　鲤鱼的形态与结构 …………………………………………………………… 35

实验 10　鱼纲分类 …………………………………………………………………… 39

实验 11　蛙的形态与结构 …………………………………………………………… 48

实验 12　鳖的形态与结构 …………………………………………………………… 52

实验 13　鸽（或鸡）的形态与结构 ………………………………………………… 56

实验 14　鸟纲分类 …………………………………………………………………… 60

实验 15　家兔的形态与结构 ………………………………………………………… 71

实验 16　哺乳纲分类 ………………………………………………………………… 75

附　录 …………………………………………………………………………………… 84

　　附录 A　生物绘图方法 …………………………………………………………… 84

　　附录 B　实验动物的采集与培养 ………………………………………………… 85

　　附录 C　昆虫标本的采集与制作 ………………………………………………… 87

附录 D　脊椎动物浸制标本的制作 …………………………………………… 91

附录 E　动物剥制标本的制作 ……………………………………………… 92

附录 F　骨骼标本的制作 …………………………………………………… 99

附录 G　石蜡切片技术 ……………………………………………………… 102

参考文献 …………………………………………………………………………… 110

附　图 ……………………………………………………………………………… 111

动物学实验须知

动物学实验是验证动物学理论知识的必要途径，同时又是培养学生严肃认真、实事求是的科学态度以及提高学生动手能力、独立分析与解决问题能力的重要手段。为了较好地完成每一个实验，必须严格遵守以下规定：

（1）每次实验前，事先预习实验指导。明确本次实验的目的、内容、方法和要求，特别要对一些疑难和不明之处作出标记，以便在实验时有针对性地加以关注。

（2）实验时要带上实验指导书、教材、实验报告、绘图铅笔、橡皮和直尺等。

（3）进入实验室后，所有人应把自己的物品放在指定地方，保持室内的安静和整洁，不做与本次实验无关的事。

（4）实验开始前，学生应认真听教师讲授实验内容和注意事项；实验中应严格依据"实验指导"进行操作和观察，并做好必要的记录。整个实验过程尽量不依赖别人，只有确实经过自己努力，仍未能明白时，才能请指导教师或同学提供帮助。

（5）注意实验安全，爱护实验室的设备和器具，节约用水、用电。如有损坏，学生应主动向教师报告，按规定处理。

（6）实验结束后，应对实验材料和用具加以清理。要特别注意把显微镜、解剖镜擦拭干净，放回原处。同时必须清理自己的实验桌，保持整洁。学生轮流值日打扫实验室，检查水电，关好门窗，征得教师同意后方能离开实验室。

实验 1　显微镜的使用和动物的基本组织

一、目的要求

（1）了解显微镜的基本构造，熟练掌握显微镜的使用方法。
（2）了解动物四类基本组织的结构特点。

二、材料与用具

显微镜、载玻片、盖玻片、镊子、牙签、吸水纸、擦镜纸、0.1% 亚甲基蓝溶液、0.9% NaCl 溶液、蛙扁平上皮制片、蛙血液涂片、猫胃平滑肌切片、蝗虫肌肉纵切片和牛脊髓涂片等。

三、内容与方法

（一）普通光学显微镜的结构（图 1.1）

1. 机械部分

（1）镜筒：一金属圆筒。上端安插目镜，下端装有物镜镜头转换器。
（2）镜头转换器：位于镜筒下端的金属圆盘。其上有数孔，分别安装低倍和高倍物镜。
（3）粗调焦螺旋：位于镜柱两侧的一对大螺旋。其升降距离较大，主要用于寻找目标。使用低倍镜观察标本时，应用粗调焦螺旋调节焦距。
（4）细调焦螺旋：与粗调焦螺旋同轴的一对小螺旋。其升降距离较小，能精确地对准焦点，获得清晰的物像，主要在高倍镜时使用。
（5）镜座：方形金属座。用以稳固和支持镜身。
（6）镜柱：连接镜座与镜臂。用以支持镜臂与载物台。

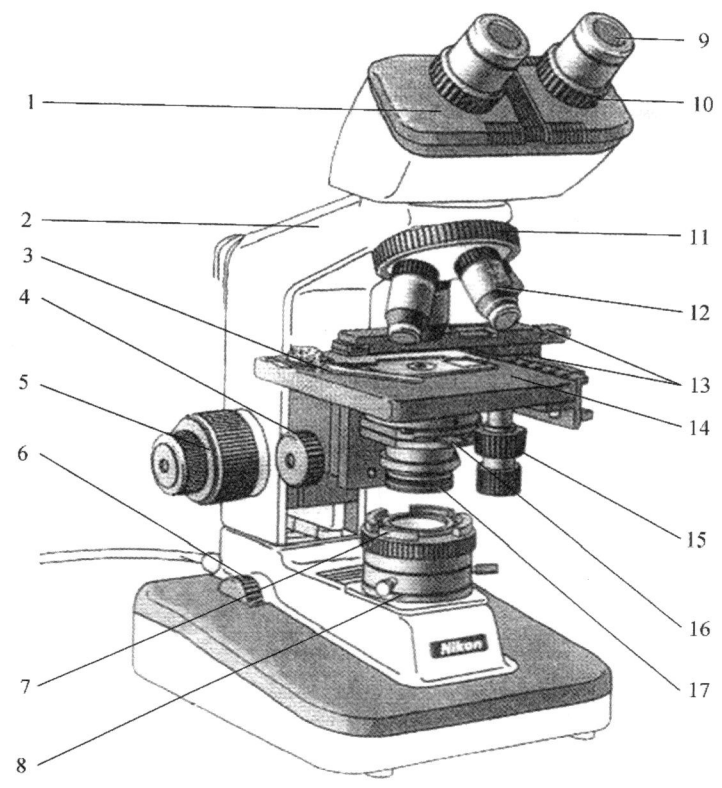

1—镜筒；2—镜臂；3—玻片夹；4—聚光器升降旋钮；5—调焦螺旋；6—电源开关；7—滤光镜槽；
8—光源；9—目镜；10—视度圈；11—镜头转换器；12—物镜；13—载物推进器；
14—载物台；15—推进器旋钮；16—光圈调节杆；17—滤色镜。

图 1.1　显微镜的基本结构

（7）镜臂：连接镜筒与镜柱。用于执镜的部位。

（8）载物台：放置切片的平台。中央有一通光孔。可通过推进器旋钮前后、左右移动载玻片。

2．光学部分

（1）目镜：安插于镜筒的上端，由一组透镜组成。标记有放大倍数，如 10×。

（2）物镜：装在镜筒下端的转换器上。短者为低倍镜（10×），长者为高倍镜（40×）或油镜（100×）。

（3）聚光器：位于载物台下方，由一组透镜组成。可转动聚光器升降旋钮调整射入物镜的光量大小。

（4）光圈：也称虹彩光圈、可变光圈，由若干金属片组成。位于聚光器下方，旋转光圈调节杆可调节光线的强弱。

（5）反光镜或光源：安装在镜座上。有平面和凹面两种。可按需要翻转反光镜以反射不同的光线。光源有开关和亮度调节装置。

3

（二）普通光学显微镜的使用方法

（1）取显微镜时，右手握镜臂，左手托住镜座。将显微镜置于实验台上偏左的位置，离实验桌边缘约 10 cm。

（2）将载物台升到最高位置，光圈开到最大，聚光器升到最高位置。用转换器将低倍镜正对载物台上的通光孔。眼睛观察目镜并转动反光镜，直至视野均匀明亮。

（3）将切片放在载物台上，使观察部位处于通光孔的中央，然后用玻片夹夹好。

（4）低倍镜观察。用粗调焦螺旋缓缓下降载物台，直至看见切片中实验材料的图像为止。如果图像不够清晰，可轻轻来回调节细调焦螺旋，直到图像清晰。在低倍镜下找到图像后，前后左右移动材料并观察。

（5）高倍镜观察。如需对某一部分进行详细观察，可先将该部分移至视野中央，再用转换器换成高倍镜进行观察。此时只需来回调节细调焦螺旋即可（不可再调粗调焦螺旋！）。如果还不清晰，可换回低倍镜重复上述操作。用高倍镜观察后，如有必要，可再换用油镜观察。

（6）油镜观察。使用油镜前，先用低倍镜和高倍镜找到待观察的物像，并移至视野中心区域；用粗调焦螺旋将镜筒拉起 1.5~2 cm，将油镜镜头转至镜筒下方。滴加一滴香柏油于切片上待观察的区域，转动粗调焦螺旋下降镜筒，使油镜镜头与香柏油相接触，但注意不能与切片相碰，以免压碎切片和损伤镜头。用粗调焦螺旋缓慢地提升镜筒至出现物像，再用细调焦螺旋调至物像清晰。如果镜头已提升出香柏油面却仍未见物像时，应重复上述操作过程。使用完毕，取下切片，用擦镜纸擦去镜头上的香柏油，再取擦镜纸蘸取少量二甲苯擦拭镜头，然后用干净擦镜纸擦去镜头上残留的二甲苯。

（7）观察过程中要特别注意调整光线的强弱。尤其是低倍镜与高倍镜转换或实验材料透光强度变化较大时，应调节光圈或聚光器的高度来调节通光量。

（8）显微镜使用完毕，应将各部分还原。下降载物台至最低位置，取下切片；将载物台和玻片夹移回原位；将反光镜垂直于镜座（或拔掉电源），以防落灰；转动镜头转换器，将物镜从通光孔挪开；擦干净物镜和载物台，盖上防尘罩。最后把显微镜放入镜箱并送回原处。

（三）普通光学显微镜的维护

（1）按照正确的步骤操作，不能随意违反操作规程。

（2）不得随意拆换目镜、物镜以及各部分零件。如果发现显微镜有问题，须及时报告指导教师，请教师处理。

（3）防止液体沾污显微镜。一旦污染，要用纱布擦拭机械部分，用镜头纸擦拭光学部分。切勿用手、粗布或坚硬用具擦拭镜头。

（4）注意防潮。潮湿环境可使镜头发霉长满菌丝，不易清除。

（四）其他常用显微镜简介

1. 体视显微镜

体视显微镜又称立体显微镜、实体显微镜、解剖镜，是一种具有正像立体感的目视仪器。可用来观察不透明物体表面的立体结构，常用于解剖较小标本。

2. 暗视野显微镜

暗视野显微镜与普通显微镜的区别在于聚光镜中央有挡光片，可使照明光线不直接进入物镜，只允许被标本反射和衍射的光线进入物镜，因而视野的背景是黑的，物体的边缘是亮的。利用这种显微镜能观察到直径小至 4～200 nm 的微粒子，虽然分辨率很高，但只能看到物体的存在、运动和表面特征，不能辨清物体的细微结构。常用来观察未染色的透明样品。

3. 相差显微镜

普通光学显微镜一般不能分辨活细胞的细微结构，主要因为各细微结构的折光性差异小或对比不够显著。相差显微镜在聚光器下装一个环状光阑，形成相差聚光器，其物镜是安有相板的相差物镜，适于观察较透明的活细胞或染色反差小的细胞和微细结构。

4. 倒置显微镜

倒置显微镜的光源位于标本上方，而物镜位于标本的下方。主要用于细胞或组织培养时的观察研究。

5. 荧光显微镜

荧光显微镜以紫外线为光源，用以照射被检物体，使之发出荧光，然后在显微镜下观察被检物的形状及位置。用于研究细胞内物质的吸收、运输、分布及定位等。

6. 电子显微镜

与光学显微镜相比，电子显微镜根据电子光学原理，用电子束代替了可见光，用电磁透镜代替了光学透镜，并使用荧光屏将肉眼不可见的电子束成像。电子显微镜最大放大倍率超过 300 万倍。电子显微镜按结构和用途可分为透射式电子显微镜、扫描式电子显微镜、反射式电子显微镜和发射式电子显微镜等。透射式电子显微镜常用于观察普通显微镜不能分辨的细微物质结构；扫描式电子显微镜主要用于观察固体表面的形貌；反射式电子显微镜能检测到从被检查样品反射的弹性散射电子束；发射式电子显微镜用于自发射电子表面的研究。

(五)动物四种基本组织的观察

1. 结缔组织

取蛙血液涂片于低倍镜下观察,然后换高倍镜观察。蛙的红细胞呈椭圆形,有明显的细胞核;另有染色较深呈长梭形的血栓细胞;染色很浅、形态较大、核呈肾形或圆形的则为白细胞(附图 1.1)。

2. 肌肉组织

(1)取猫胃平滑肌切片,在低倍镜下观察。将光线调至略暗,可以发现肌肉是由很多细梭形的细胞组成的,这些细梭形细胞便是平滑肌细胞。细胞核呈椭圆形,被染成蓝紫色 [图 1.2(a)]。

(2)取蝗虫肌肉纵切片于显微镜下观察。蝗虫的肌肉为骨骼肌,肌肉组织由长形的肌纤维组成,外面有一层薄膜叫肌膜。骨骼肌细胞中排列着许多与其长轴平行的细丝状物,此为肌原纤维,肌原纤维有明暗相间的横纹。在细胞膜下面分布着许多椭圆形的细胞核,故横纹肌细胞为多核的合胞体 [图 1.2(b)]。

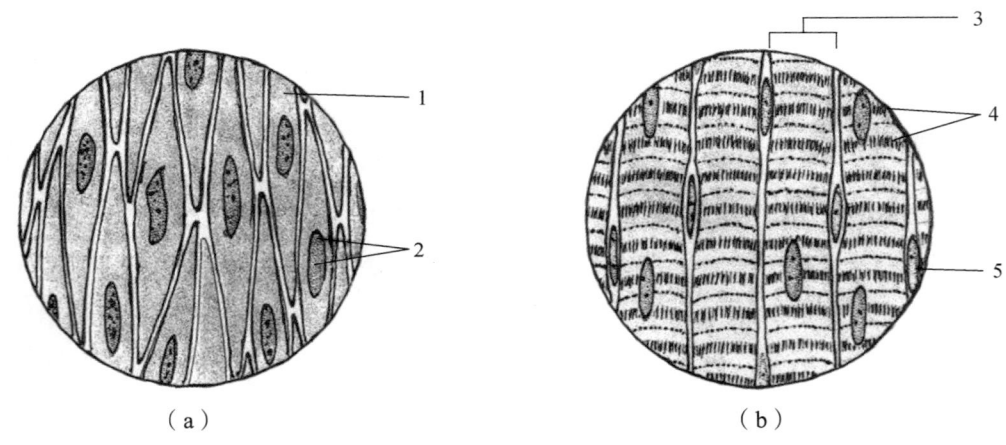

1—平滑肌纤维;2—核;3—骨骼肌纤维;4—横纹;5—外围核。
图 1.2 平滑肌和骨骼肌纤维

3. 神经组织

观察牛脊髓涂片。找到被染成蓝色的细胞。神经细胞细胞体形状不规则,细胞核位于中央,色浅,核仁着色较深,能看到细胞突起(附图 1.2)。

4. 上皮组织

取蛙扁平上皮制片观察。用低倍镜找到上皮组织,转至高倍镜观察。蛙最外层表皮由多层扁平细胞组成,细胞排列紧密,细胞之间仅有少量的细胞间质(附图 1.3)。

5. 人口腔上皮细胞

在洁净的载玻片中央，滴一滴 0.9% NaCl 溶液。将消毒牙签粗的一端放在自己的口腔里，轻轻地在口腔颊内刮几下（注意不要用力过猛，以免损伤颊部）。将刮下的白色黏性物放在载玻片上的生理盐水中涂抹几下，然后加盖玻片，在低倍镜下观察。口腔上皮细胞经常数个连在一起。由于口腔上皮细胞薄而透明，因此光线要暗些。找到口腔上皮细胞后，将其放在视野中心，再换高倍镜观察。口腔上皮细胞呈扁平多边形。试辨认细胞核、细胞膜和细胞质。若图像不清楚，可在盖玻片一侧加一小滴 0.1% 亚甲基蓝溶液，用吸水纸在另一侧吸水，使染液流入盖玻片，将细胞染成浅蓝色，核染色较深。注意染液不可加得过多，以免妨碍观察。

四、作　业

（1）绘制人口腔上皮细胞图 2~3 个，注明细胞膜、细胞质和细胞核。
（2）绘制蛙血细胞图，标示出红细胞、白细胞和血栓细胞。
（3）使用高倍镜前，为什么一定要先用低倍镜？
（4）列表比较动物四种基本组织的结构特点。

实验 2　草履虫和眼虫

一、目的要求

通过对草履虫（*Paramecium* sp.）和眼虫（*Euglena* sp.）的观察，掌握原生动物的主要特征。

二、材料与用具

草履虫和眼虫培养液、显微镜、盖玻片、载玻片、擦镜纸、吸水纸、2%醋酸溶液、墨汁和吸管等。

三、内容与方法

（一）观察草履虫

1. 观察草履虫生活标本

草履虫（图 2.1）属纤毛纲，生活在有机质丰富的水中。

操作方法：用吸管取一小滴草履虫培养液，滴在载玻片中央，加上盖玻片，用吸水纸吸去多余的水，使其运动减慢，置于低倍镜下观察（注意调节光线强弱）。

虫体呈长椭圆形，前端较圆后端较长。找一个不太活动的草履虫移至视野中央，换高倍镜观察其结构。虫体最外为表膜，表膜内是透明无颗粒的外质，外质里面的内质中有许多颗粒。依次观察下列各类器官。

（1）纤毛：遍生于体表，放暗光线观察虫体边缘，可见其摆动。

（2）表膜：为虫体最外一层具有弹性的薄膜。

（3）伸缩泡和收集管：在虫体的前后 1/3 处，各有一个圆的囊泡，此为伸缩泡。当伸缩泡缩小时，可见周围有 6~7 个放射状的长形透明小管，即收集管。前后伸缩泡与收集管交替收缩，把水和废物排出体外。

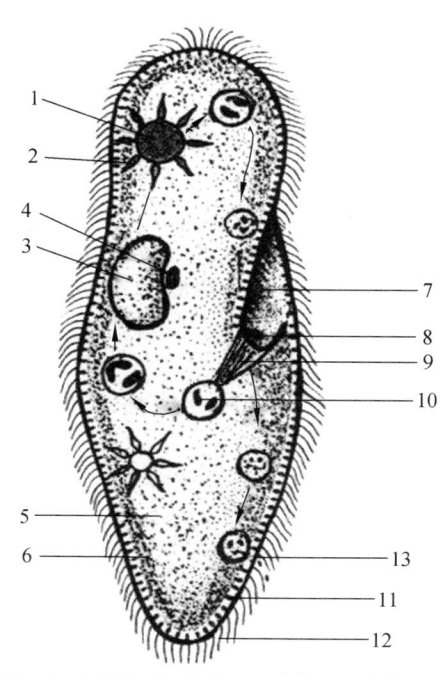

1—伸缩泡；2—收集管；3—大核；4—小核；5—内质；6—外质；
7—口沟；8—胞口；9—胞咽；10—食物泡；
11—刺丝泡；12—纤毛；13—胞肛。

图 2.1　草履虫

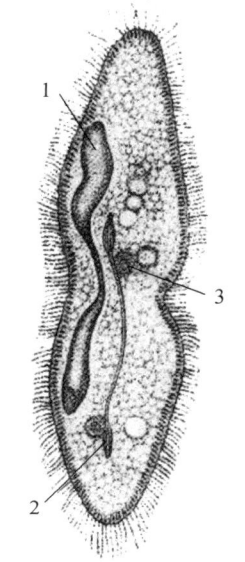

1—大核；2—小核；3—食物泡。

图 2.2　草履虫横二分裂

（4）胞口与胞咽：身体前端斜向面有一纵凹口沟，在口沟的后端有胞口，胞口下有一导向内质的短管，为胞咽。胞咽内有颤动的纤毛，具有运输食物的功能。

（5）胞肛：位于口沟一侧的下端。只有在虫体排遗时才能看到。

（6）细胞核：草履虫有 2 个细胞核。大核略呈肾形，在生活标本中看起来较明亮而呈泡状。如果在盖玻片边缘加一滴 2% 醋酸溶液，待 2～3 min 后，能清楚看到被染成淡黄色的肾形大核和在大核中部凹陷处的圆形小核（附图 2.1）。

（7）刺丝泡：位于表膜之下的外质内，呈椭圆形的小囊，排列整齐。滴加了醋酸的草履虫，能见到有细长的刺丝放出（附图 2.2）。

（8）食物泡：由摄食类器官摄取的食物，在胞咽内凝成食物球，然后进入原生质形成一个个食物泡，分布全身。食物泡显得比其他部分颜色深些，易于看见。可另外制作一张草履虫的水装片，并于盖玻片的一侧加一小滴墨汁，耐心观察食物泡的形成过程和在体内的环流情况。

2. 草履虫横二分裂和接合生殖玻片观察

横二分裂（图 2.2）是草履虫的无性生殖方式，注意观察细胞核的分裂情况。接合生殖是草履虫的有性生殖方式，注意观察两个虫体在何部位接合（附图 2.3）。

（二）观察眼虫

用吸管取一小滴眼虫培养液于载玻片中央，盖上盖玻片观察。虫体呈梭形，后端稍尖，前端有一凹陷即为胞口，一根鞭毛由此伸出（光线暗些可见到）。胞口通胞咽再通入储蓄泡，在活体中看起来较透明。胞咽附近有一红色眼点。此外，在虫体内含有很多叶绿体，以致虫体呈绿色。细胞核位于身体中后部，在活体标本中看起来较透明（图 2.3）。

当遭遇干旱或寒冷时，眼虫脱去鞭毛，变成圆形，分泌厚膜包裹，即成包囊。镜检时常可见到（图 2.4）。

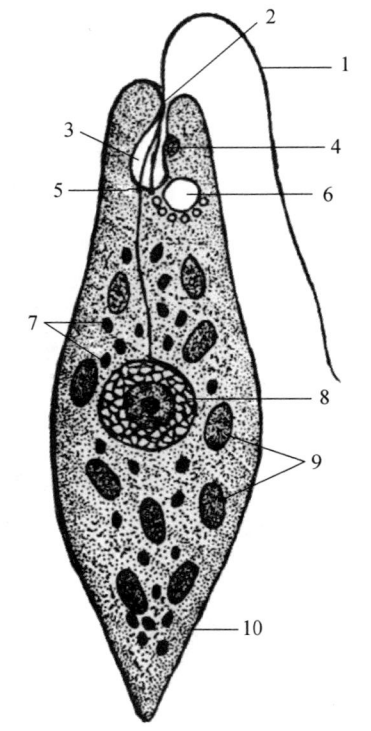

1—鞭毛；2—胞口；3—储蓄泡；4—眼点；5—基粒；
6—伸缩泡；7—副淀粉体；8—细胞核；
9—叶绿体；10—表膜。

图 2.3 眼 虫

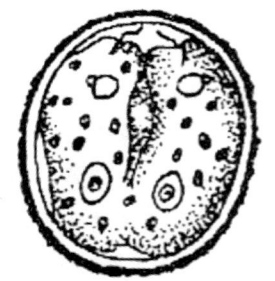

图 2.4 眼虫形成的包囊

四、示 范

（1）团藻：属鞭毛纲。淡水中自由生活的群体鞭毛虫，它是由许多个体（可达 50 000 个）聚合而成的空球体。群体内可见到子群体，子个体内具有绿色色素体。

（2）锥虫：属鞭毛纲。在血液内寄生，虫体呈柳叶形，虫体一侧具波动膜，前端有鞭毛，细胞核位于虫体中央。

（3）变形虫：属伪足纲。生活于较为清洁、缓流的小河、池塘或洼沟积水处。在玻片标本中，可见到伪足。虫体中部有一颗染色较深的细胞核。

（4）痢疾内变形虫：属伪足纲。寄生在人肠内，是阿米巴痢疾的病原虫。大滋养体的外质透明，内质有很多细的颗粒状物，常含有被吞食的红细胞。细胞核呈圆形，核仁位于细胞核的中央。

（5）间日疟原虫：属孢子纲。观察油镜下的间日疟疾病人血液染色涂片，涂片中红色圆形的是红细胞。红细胞内各期疟原虫的细胞质被染成蓝色，细胞核被染成红色。

五、作　业

（1）绘制草履虫放大详图，注明各结构。
（2）原生动物有哪些类器官的分化，各有什么功能？
（3）总结原生动物的主要特征。

实验 3 水　螅

一、目的要求

通过对水螅（Hydra sp.）的观察，了解两胚层腔肠动物的基本特征。

二、材料与用具

显微镜，擦镜纸，水螅整体装片、纵切片、过精巢或过卵巢横切片，桃花水母和其他水螅、水母标本等。

三、内容与方法

1. 水螅的外形

取水螅整体装片于低倍镜下观察（图 3.1）：

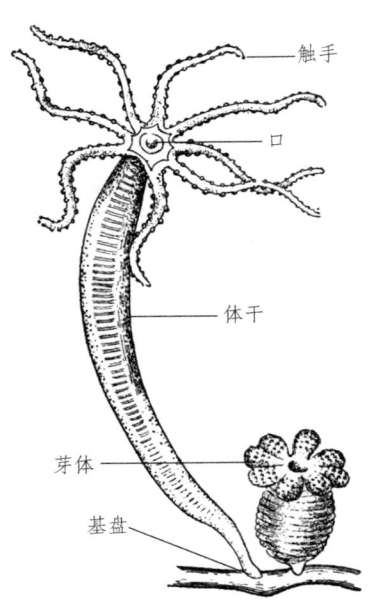

图 3.1 水螅的形态

（1）水螅呈何种对称类别，这与其生活方式有何关系？
（2）识别水螅的基盘、体干、口和触手。
（3）水螅在无性生殖时，可见芽体的形状及其与母体的关系。体干上端的圆锥状突起，为精巢；体干下端的球形突起，为卵巢。
（4）在触手基部观察水螅的神经网，可见不规则的多角状神经细胞彼此相连成网状。

2. 水螅的结构

取水螅纵切片于低倍镜下观察。身体中央的大空腔为消化循环腔。体壁为两层细胞组成，围绕消化循环腔的较厚的一层为内胚层，其外较薄的一层为外胚层（图 3.2）。选择体壁结构较清晰的部分于高倍镜下观察各种类型的细胞（图 3.3）。

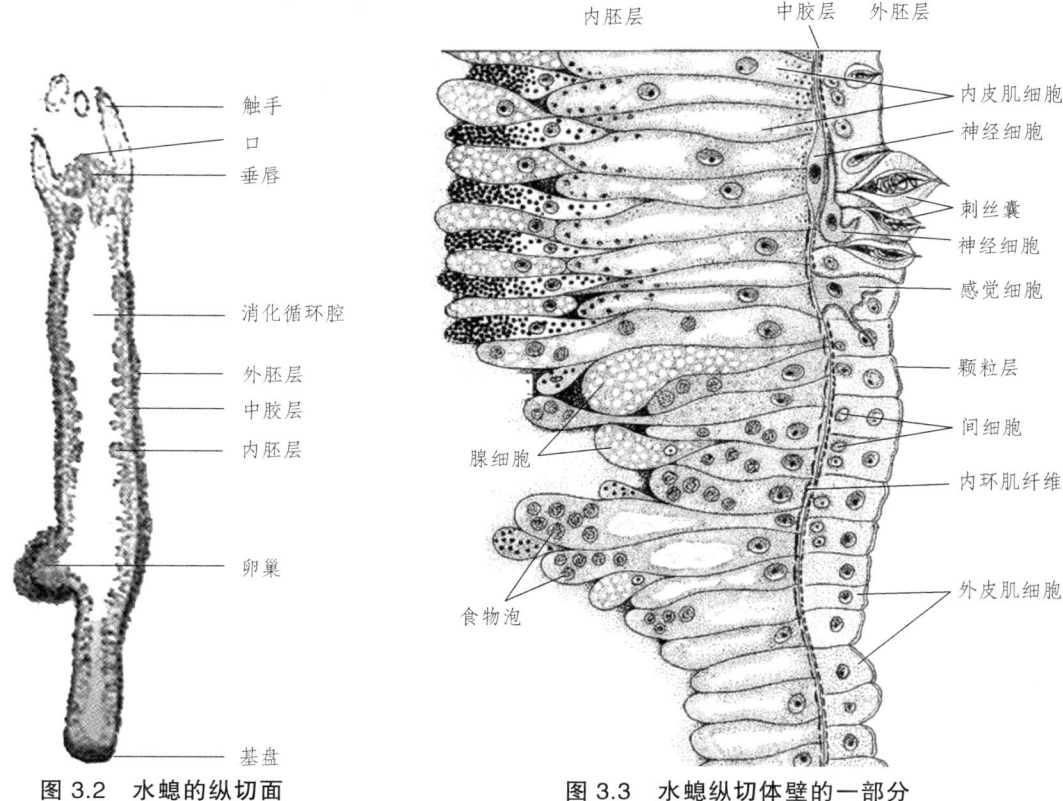

图 3.2　水螅的纵切面　　　　图 3.3　水螅纵切体壁的一部分

（1）外胚层：细胞呈单层上皮排列，大部分为外皮肌细胞，细胞核圆形。在皮肌细胞靠近中胶层处有三五成群的较小的间细胞。在皮肌细胞间靠外端有刺细胞，有的刺细胞可见其中的刺丝囊。感觉细胞呈细长形，但不易见。

（2）内胚层：约为外胚层2倍厚。细胞也呈单层上皮排列，主要为内皮肌细胞，呈斜锥形。有鞭毛或伪足（不易见），内含食物泡，具有消化机能。此外，内胚层中还有腺细胞，在垂唇（内胚层）和基盘（外胚层）处分布特别多。腺细胞内有许多分泌颗粒。

（3）中胶层：在内外胚层之间，为一层薄而无组织结构的胶质层。

3. 水螅的生殖

（1）出芽生殖：取带芽的水螅装片观察芽体位置。

（2）有性生殖：通常为雌雄异体。精巢位于体的上端，卵巢位于中下端。观察水螅过卵巢横切片和过精巢横切片，了解它们的结构（图3.4）。

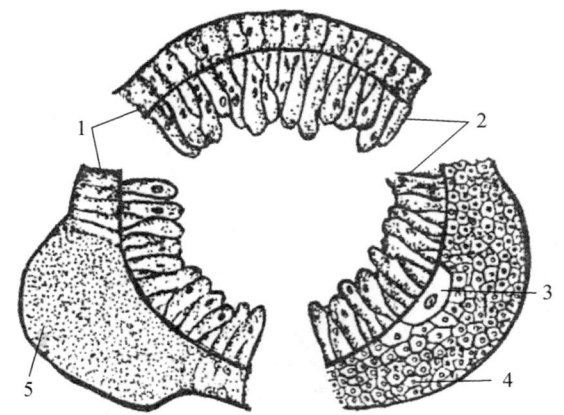

1—外胚层；2—内胚层；3—卵；4—营养细胞；5—精子。

图3.4　水螅横切面（三个不同个体）

四、示　范

（1）桃花水母：属水螅纲。淡水产的一种水母，漂浮生活。体呈伞形，伞缘有很多触手，内伞中央有较长的垂管，后者末端有口，通内面的消化循环腔。

（2）鹿角珊瑚：属珊瑚纲。群体生活，互相以钙质的骨柱连在一起，呈树枝状。生活的标本上长有许多水螅体（干标本珊瑚虫水螅体已死去，只能看到骨柱上有许多小孔存在）。

（3）海蜇：属钵水母纲。腔肠动物中最有经济价值的种类，中胶层发达，经过加工后可制成蜇皮和蜇头。伞为半球形，无边缘触手，口腕愈合，腕中有分枝的细管，管的外端有吸口。

五、作　业

（1）绘制水螅的纵切面图（部分），注明外胚层、内胚层、中胶层、内外皮肌细胞、腺细胞、间细胞和刺细胞。

（2）什么细胞是腔肠动物所特有的？为什么说腔肠动物已出现了初步的组织分化？

实验 4　涡虫、蛔虫和蚯蚓

一、目的要求

通过对涡虫（*Eiplanaria* sp.）、蛔虫（*Ascaris* sp.）和蚯蚓（*Pheretima* sp.）外形与横切面的观察，掌握所属纲的主要特征和真假体腔的区别。

二、材料与用具

显微镜，擦镜纸，放大镜（或解剖镜），活体涡虫及其横切片，蛔虫和蚯蚓横切片，肝片虫、姜片虫、猪绦虫、蛔虫、旋毛虫、钩虫、蚯蚓、沙蚕和蚂蟥等液浸标本。

三、内容与方法

（一）涡　虫

1. 观察活体涡虫

用毛笔在培养器皿中挑选 1 条活涡虫，置于载玻片上的水滴中，用放大镜或在解剖镜下观察。

涡虫身体柔软，呈扁平叶片状，全长 10~15 mm。背部微凸，灰褐；腹面较平，颜色较浅，表面具有纤毛。虫体前端呈三角形，其背面、耳突内侧有 2 个黑色眼点，两侧有耳突，后端稍尖。口在腹面后端的 1/3 处，口的后方有一生殖孔。无肛门。

2. 涡虫横切片

横切面呈弓形，背面隆起，腹面扁平，体壁由 3 个胚层组成（附图 4.1）。

（1）外胚层：外胚层为单层柱状表皮细胞，间杂有条状、杆状体和囊状、含深色颗粒的腺细胞。腹面的表皮细胞具纤毛。

（2）中胚层：中胚层形成肌肉层和实质组织。基膜以内依次为环肌、斜肌和纵肌，它们与表皮合成体壁，即皮肤肌肉囊。背腹体壁间还有背腹肌联系。实质组织填充于体壁与消化道之间，呈网状，含有许多黄色小泡状的构造，故无体腔。

（3）内胚层：内胚层切片中部可见到几个小空腔，即肠腔。肠壁为单层柱状上皮细胞，是内胚层形成的消化管。

（二）蛔　虫

1. 蛔虫液浸标本

蛔虫属原腔动物线虫纲，虫体呈圆筒状，两端较尖，体表光滑。虫体上有4条纵线，即1条背线、1条腹线和2条侧线。前端有口，肛门开口于腹面近尾端。雄虫较小，腹面后端弯曲，有时可见到两根交接刺，由泄殖孔中伸出。雌虫较大，腹面后端较平直，生殖孔开口在腹面前端约1/3处。

2. 蛔虫横切片（雌或雄）

（1）体壁可分3层（附图4.2，附图4.3）：

① 角质膜：身体表面一层非细胞构造的厚膜。

② 表皮层：位于角质膜内侧，细胞界限不分明（合胞体），仅可见颗粒状的细胞核及纵行纤维。

③ 体线：4条，纵行，由表皮层向内增厚形成。背线和腹线细，位于身体背面及腹面的正中，二者形状完全相同。背、腹线的内侧膨大呈圆形，内含背神经及腹神经。腹神经比背神经粗，可以此区分背、腹线。侧线位于身体两侧，其内侧有一圆孔，即排泄管。

④ 肌肉层：较厚，被4条体线分隔成4个部分，每个部分由许多纵肌细胞组成。每个纵肌细胞分为收缩部和原生质部两部分。收缩部位于基部，含横行细纤维，富有弹性，能收缩；原生质部位于端部，含原生质和细胞核。

（2）肠壁：为体腔中央一扁圆形的管道，由单层柱状上皮细胞组成。肠中间的空隙为肠腔。

（3）假体腔：肠与体壁之间的空腔。

（4）卵巢、输卵管和子宫：在假体腔中可见形似车轮的卵巢，中心有轴，周围有辐射状排列的卵原细胞。输卵管，圆形，呈空腔或有少数卵细胞散布其中。子宫粗大，圆形，有明显的空腔，内含大量卵细胞。

（5）精巢、输精管和储精囊：输精管，圆形，含颗粒状精细胞。储精囊管径大，圆形，有明显的空腔，含条形精子。

（三）蚯 蚓

1. 环毛蚯蚓

环毛蚯蚓属环节动物寡毛纲，体呈圆筒形，由许多相似的环节组成，每一体节有一圈刚毛，头部不明显，身体前端有一小段膨大而呈褐色的部分，叫作环带（生殖带）。口在前端，无环带的一端为后端，肛门在身体末端。雌雄同体。环带前腹面有2~3对受精囊孔，环带上腹面中央有1个雌性生殖孔，环带后腹面两侧有1对雄性生殖孔。

2. 蚯蚓横切片

（1）体壁可分5层（附图4.4）：
① 角质膜：体表一层非细胞构造的薄膜。
② 表皮层：主要由单层柱状上皮细胞组成，其中还有少数腺细胞和感觉细胞。有时可见刚毛自体壁穿出表皮层。
③ 肌层：外为一薄层环肌，内为很厚一层纵肌。
④ 体壁体腔膜：位于体壁的最内层，由单层扁平细胞组成。
（2）肠壁：由单层上皮细胞组成，外具环肌、纵肌及肠壁体腔膜（黄色细胞）。肠背面下凹成一纵槽，称盲道，以增加消化和吸收的表面积。
（3）真体腔：体壁体腔膜与肠壁体腔膜之间的空腔。肾管位于两侧体腔内。
（4）血管：背血管位于盲道的上方，四周有黄色细胞。腹血管位于肠腹面体腔内。神经下血管位于神经索下方。
（5）神经索：位于肠的腹面体腔内。

四、示 范

（1）笄蛭涡虫：又叫陆涡虫，属扁形动物涡虫纲三肠目。生活在阴湿的石块下或土壤中。体长可达30 cm。
（2）肝片虫（羊肝蛭）：属扁形动物吸虫纲。体呈叶片状。前端具口吸盘，稍后为腹吸盘，两个吸盘之间有生殖孔开口。体内绝大部分为生殖系统所占据，体末端有一排泄孔。
（3）日本血吸虫：属扁形动物吸虫纲。体细长，前端有口吸盘和腹吸盘，后者较大而突出。雌雄异体，雄虫粗短，有抱雌沟，常把较细长的雌虫抱于其内。
（4）猪绦虫（有钩绦虫）：属扁形动物绦虫纲。由许多节片组成，头节具吸盘与小钩。体长2~8 m。
（5）十二指肠钩虫：属线形动物线虫纲。体形较小。前端有口囊，口内有两对钩齿。雄虫后端有交合伞。
（6）旋毛虫：属线形动物线虫纲。其幼虫进入肌肉形成包囊，在显微镜下可看到包囊中潜伏着的幼虫。

（7）沙蚕：属环节动物多毛纲。海产。同律分节，躯干部每体节侧有一对疣足。

（8）水蛭（蚂蟥）：属环节动物蛭纲。体略扁，体节具有明显的环纹。体前端有前吸盘，后端有一较大的后吸盘。

五、作　业

（1）绘制蛔虫和蚯蚓的横切面图，并标注各结构的名称。

（2）列表比较涡虫、蛔虫和蚯蚓的体壁、肠壁与体腔结构的异同。

实验 5　河蚌的形态与结构

一、目的要求

通过对河蚌（*Anodonta* sp.）外形及内部结构的观察，了解软体动物的一般特征，并认识一些重要的经济种类。

二、材料与用具

河蚌、剪刀、镊子、解剖针和几种软体动物的液浸标本等。

三、内容与方法

（一）河蚌的外形

壳两瓣，等大，近椭圆形。前端较钝圆，后端稍尖削。两壳铰合的一面为背面，分离的一面为腹面（图 5.1）。

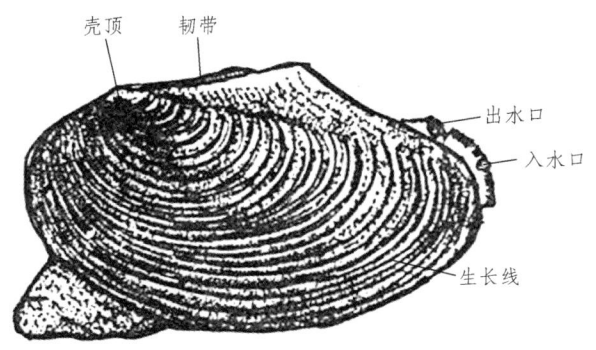

图 5.1　河蚌的外形

（1）壳顶：壳的背方隆起的部分。
（2）生长线：贝壳表面以壳顶为中心、与壳的腹面边缘平行的弧线。
（3）韧带：连接左右两壳背方的有弹性的角质关联部分。

（二）解　剖

用解剖刀柄自两壳腹面中间合缝处平行插入，扭转刀柄，将壳稍撑开。然后用镊子柄取代刀柄，取出解剖刀，以其柄将左壳内表面紧贴贝壳的皮肤皱褶（外套膜）轻轻分离；再以刀锋紧贴贝壳切断在前后近背缘处的闭壳肌，揭开左贝壳。观察下列结构（图 5.2）：

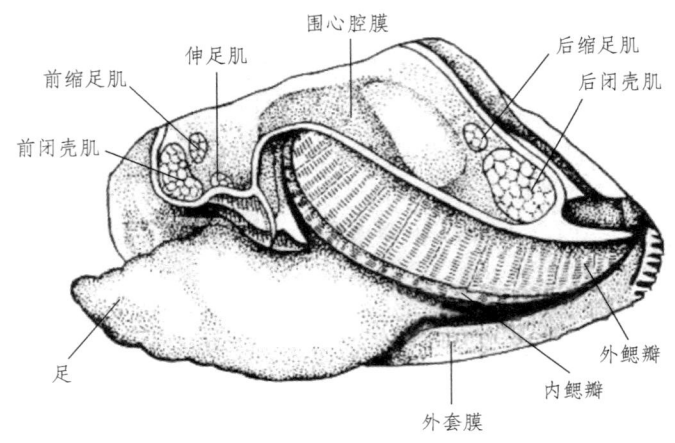

图 5.2　河蚌软体部的外形

（1）闭壳肌：在身体的前后端各有一大束肌肉，即为前闭壳肌和后闭壳肌，在贝壳内面有横断痕迹。
（2）伸足肌：紧接前闭壳肌内侧腹方的小束肌肉，在贝壳内面可见其断面痕迹。
（3）缩足肌：前后闭壳肌内侧背方的小束肌肉，在贝壳内面可见其断面痕迹。
（4）外套膜和外套腔：在软体部的左右两侧各有一半透明的膜状构造，称为外套膜。左右两外套膜包围的空腔，叫外套腔。
（5）外套线：贝壳内面的弧形痕迹，是外套膜边缘附着的地方。
（6）进水管与出水管：外套膜的后缘部分合抱形成的两个管状构造。在腹方的为入水管，在背方的为出水管。
（7）足：位于两外套膜之间，斧状，富有肌肉。

（三）器官系统

河蚌的内部结构如图 5.3 所示。

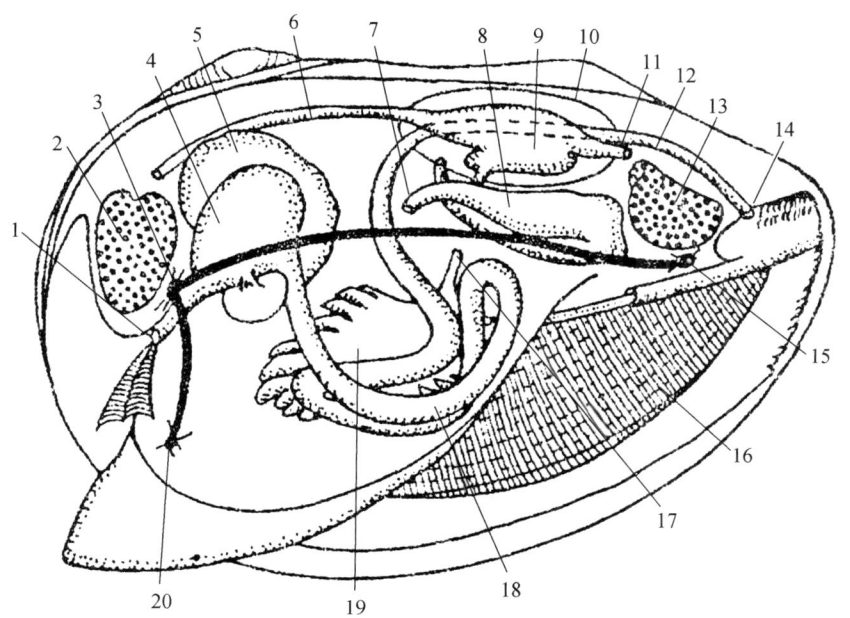

1—口；2—前闭壳肌；3—脑神经节；4—胃；5—消化腺；6—前大动脉；7—肾孔；8—肾脏；9—心脏；
10—围心腔；11—后大动脉；12—直肠；13—后闭壳肌；14—肛门；15—脏神经节；
16—鳃；17—生殖孔；18—肠；19—生殖腺；20—足神经节。

图 5.3　河蚌的内部构造

1. 呼吸系统

将外套膜向背方揭起，可见足与外套膜之间有两个瓣状的鳃。靠近外套膜的一片为外鳃瓣，靠近足部的一片为内鳃瓣。

2. 循环系统

在内脏团背侧，贝壳铰合部附近有一透明的围心膜，其内的腔隙为围心腔。心脏位于围心腔内，由一心室二心耳组成。心室为一富有肌肉的长圆形囊，能收缩，直肠贯穿其中。在心室下方左右侧各有一心耳，为三角形的薄壁囊，也能收缩。动脉干由心室向前及向后发出，沿肠的背方向前直走者为前大动脉，沿直肠腹侧向后走者为后大动脉。

3. 排泄系统

排泄系统包括肾脏和围心腔腺两种器官。沿着鳃的上缘剪除外套膜及鳃，即可见到一对肾脏，位于围心腔腹面左右两侧，由肾体及膀胱构成。围心腔腺位于围心腔前端两侧，分枝状，略呈赤褐色。

4. 生殖系统

雌雄异体，生殖腺均位于足基部的内脏团中。以解剖刀除去内脏团的外表组织，可见白色的腺体（精巢）或黄色的腺体（卵巢）。左右两侧生殖腺各以生殖孔开口于排泄孔的前下方。

5. 消化系统

口位于前闭壳肌腹侧，口后的短管为食道，后接膨大的胃。肠接胃，盘曲后折向背面，最后以直肠从心室中央穿过。肛门开口于后闭壳肌背方的出水管。肝脏分布于胃的周围，为淡黄色腺体。

四、示 范

（1）钉螺：属软体动物腹足纲。壳小，壳口有厣。右旋螺，螺旋有 6~9 层。

（2）椎实螺：属软体动物腹足纲。壳薄而脆，稍透明，有 4 层右旋螺层，最后一层显著宽阔。

（3）乌贼（墨鱼）：属软体动物头足纲。足呈腕状，长在头部，围绕着口。

五、作 业

绘制河蚌内部构造图。

实验 6 螯虾的形态与结构

一、目的要求

通过对螯虾（*Cambarus* sp.）的外部形态和内部结构的观察，了解节肢动物门甲壳纲动物的基本特征。

二、材料与用具

螯虾、剪刀、镊子、解剖针、蜡盘、解剖镜、培养皿和滴管等。

三、内容与方法

（一）外部形态观察

螯虾身体由 21 节组成，分头胸部和腹部两个体部，体表具坚硬的外骨骼（附图 6.1）。

1. 头胸部

头胸部为全身最粗大的部分，长度约为体长的一半，由头部 6 节和胸部 8 节愈合而成。头胸部被罩在一块坚硬的薄壳状头胸甲下面。

从背面观察，在头胸甲上有一条弧形的横沟，称颈沟，是头部和胸部的分界线。头胸甲的前方为三角形尖突，称额剑。在额剑基部两侧有 1 对复眼，着生在眼柄上。在复眼下方有 1 对小触角，其端部有两根短须状的触鞭。小触角的两侧为 1 对大触角，有 1 根细长的触鞭。

从腹面观察，在大触角的基部有 1 对圆孔，为排泄器官触角腺（绿腺）的开口。口器位于头胸部前端中央，由大颚、小颚和 3 对颚足组成。头胸部有 5 对步足，第一对足特别粗大，具大型钳。在颚足和步足基部都具鳃。

雌体在第 3 对步足基部内侧有 1 对雌性生殖孔；雄体在第 5 步足基部内侧有 1 对雄性生殖孔。

2. 腹 部

腹部较细而直，背腹扁平，由 7 个体节组成，末端为尾节。从腹面观察，腹部共有 6 对附肢，前 5 对为游泳足，末 1 对为尾肢。雄虾的第 1 对腹肢变成管状交接器，雌虾的退化。在尾节中央有一纵裂的肛门。透过腹面体壁可见在腹中线处有一暗绿色的条纹，为体壁内侧呈绿色的神经下动脉。

（二）内部器官解剖

螯虾的内部结构如附图 6.2 所示。

1. 呼吸器官

用剪刀剪去侧面的头胸甲，可见一排白色的絮状物，即为螯虾的鳃。鳃共有 7 对，位于颚足和步足的基部。用镊子从足基部摘下一只步足，放在盛有水的培养皿中，在解剖镜下观察鳃的结构。

2. 循环系统

用剪刀剪去背面的头胸甲，在头胸部的后部可见到一近方形的白色半透明囊状结构，即围心腔。在解剖镜下观察，可见到围心膜在轻轻颤动。小心除去围心膜，可见一个近四方形的块状组织在有规律地搏动，即为心脏。在心脏上有 3 对小孔（背、腹和侧面各 1 对）即心孔。来自出鳃动脉的血液进入围心腔后从心孔进入心脏。用镊子轻轻托起心脏，可见从心脏发出 7 条动脉，血液由这些动脉流入分支血管，输送到身体各部分及组织间隙的血窦中。

3. 生殖系统

（1）雌性生殖系统。

在心脏的前端与消化腺（黄色絮状物）之间，有 2 小块乳白色或淡褐色结构，在解剖镜下观察可见许多颗粒状结构，此为卵巢的一部分。除去围心膜和心脏后，将黄色絮状物从中间分开，呈现出 Y 形结构的卵巢。卵巢分 3 叶，前部 2 叶，后部 1 叶。卵巢在发育过程中颜色可因卵粒的成熟度而变化，未成熟的卵呈乳白色，成熟卵呈褐色。从卵巢中部通出 1 对输卵管，开口在第 3 对步足的基部内侧。

（2）雄性生殖系统。

精巢 1 对，所处位置与卵巢相同，乳白色，半透明。前端呈球形，性成熟的个体后部呈圆柱形。从精巢中部通出 1 对弯曲的输精管，开口在第 5 对步足基部内侧。

4. 消化系统

在围心腔的前端有一团黄色的絮状结构，为螯虾的肝脏。肝脏的前端为一半透明的倒三角形的胃。去除侧面的鳃和内侧骨板,可见在胃下方有 1 条细管,为食道,前端为口。仔细分离肝脏,在胃后端伸出 1 根细长的管道为中肠。从腹部背面中央剪去约 3 mm 宽的背板,掀去肌肉,露出腹部的肠道。在腹部末端处肠稍变粗,此处为直肠,末端以肛门开口在尾节腹面中央。

5. 排泄系统

螯虾的排泄器官为触角腺或称绿腺,由腺体部(端囊)、细长的排泄管和囊状的膀胱组成。去除胃后,在大触角基部的体壁内侧,可见 1 对扁圆形的结构,呈灰白色或暗绿色,为触角腺的端囊。用镊子小心地将圆球拔出,可见由腺体通出 1 根细管,即排泄管,在基部的膨大部分为膀胱,通向触角基部内壁,开口在大触角的腹侧基部。

6. 神经系统

将身体两侧体壁剪去,在解剖镜下仔细去除肌肉,直至腹面体壁。在体壁中央有 1 条绿色的管状结构,为神经下动脉。用镊子小心拨动血管,可见在血管上面还有一条半透明的结构,即腹神经链。仔细分离神经下动脉和腹神经链。腹神经链由 5 个胸神经节和 6 个腹神经节组成。在腹神经链前端、食道的后方还有一个较大的食道下神经节。食道下神经节向上通出 2 根围食道神经,与位于额剑基部内侧的脑神经节相连。

四、示 范

(1)藤壶:属节肢动物门蔓足纲。海产,成体营固着生活。身体包被在外套中,外套外面有石灰质壳板。虫体头部不明显,腹部退化。胸肢 6 对,双枝形,顶端弯曲呈蔓状,常从活动壳板间向外伸出。

(2)对虾:属节肢动物门甲壳纲。为我国特有的海产经济虾类。体型较大,分头胸部和腹部。腹部长而侧扁。步足 5 对,细小,前 3 对末端为钳状,第 3 对最长,其余 2 对末端为爪状。腹肢 5 对,雄性第 1 对腹肢的内肢变为交接器,第 2 腹肢内肢内侧具 1 对小型雄性附肢。

(3)中华绒螯蟹:属节肢动物门甲壳纲。为我国重要的经济蟹类。体分头胸部和腹部。头胸甲特别发达,略呈圆形或椭圆形,其前缘和两侧各有 4 个小齿。腹部较退化,折叠在头胸部的腹面,称蟹脐,雄蟹的呈三角形,雌蟹的呈圆形。肛门开口于腹部末端。颚足组成口器。第 1 对步足较大,呈钳状,其上有绒毛;其余步足扁平,末端呈爪状。腹肢较退化,藏在脐内侧,雌性共 4 对,第 1 对已退化;雄性只有前 2 对,且已特化为交接器。

(4)三疣梭子蟹:属节肢动物门甲壳纲。为我国重要的经济蟹类。头胸甲呈梭形,两侧缘有 2 个尖刺,背面中央有 3 个隆起,额缘具 4 个小齿。第 1 对步足强大,长节后缘末端有一刺,第 5 对步足较扁宽,指节呈片状。

五、作　业

（1）绘制螯虾外形图（侧面观），注明各部结构名称。
（2）甲壳动物具有哪些适应水生生活的形态结构和生理特征？
（3）如何从外形上区分雄螯虾和雌螯虾？

实验 7　蝗虫的形态与结构

一、目的要求

通过对蝗虫（*Chondracris* sp.）的外形观察及内部解剖，了解节肢动物门昆虫纲动物的基本特征。

二、材料与用具

蝗虫的浸制标本、剪刀、镊子、解剖针、载玻片、盖玻片、放大镜、显微镜和甘油等。

三、内容与方法

（一）外部形态

蝗虫一般体呈青绿色，浸制标本呈黄褐色。体表被有几丁质外骨骼。身体可明显分为头、胸、腹 3 个部分。雌雄异体，雄虫比雌虫小（图 7.1）。

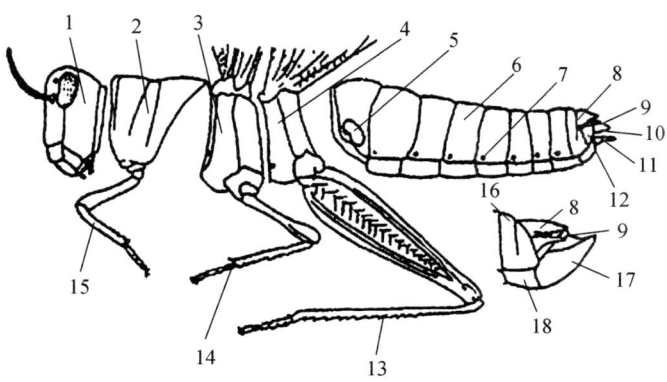

1—头；2—前胸；3—中胸；4—后胸；5—听器；6—腹；7—气门；8—肛上板；9—尾须；
10—背产卵瓣；11—腹产卵瓣；12—肛侧板；13—后足；14—中足；15—前足；
16—第 10 节背板；17—下生殖板；18—第 9 节腹板。

图 7.1　蝗虫的外形

1. 头　部

头部位于身体最前端，呈卵圆形，其外骨骼愈合成一坚硬的头壳。头壳的正前方为略呈梯形的额，额下连一长方形的唇基。额的上方，两复眼之间的背上方为头顶。复眼以下，头的两侧部分为颊。头顶和颊之后为后头（图7.2）。

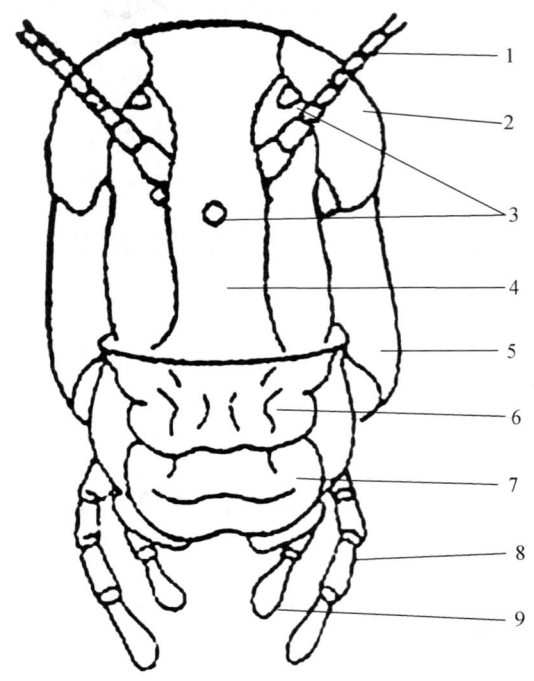

1—触角；2—复眼；3—单眼；4—额；5—颊；6—唇基；
7—上唇；8—下颚须；9—下唇须。

图7.2　蝗虫的头部

（1）蝗虫具有1对复眼和3个单眼。复眼呈椭圆形，棕褐色，较大，位于头顶左右两侧。用刀片自复眼表面切下一薄片，置载玻片上，加甘油制成装片，于显微镜下观察，可见复眼由许多六角形的小眼组成。单眼形小，黄色，1个在额的中央，2个在两复眼内侧上方，3个单眼排成一个倒"品"字形。

（2）触角1对，位于额上部两复眼内侧，细长呈丝状。

（3）口器为典型的咀嚼式口器。左手持蝗虫，使其腹面向上，拇、食指将其头部夹稳，右手持镊子自前向后将口器各部分取下，依次放在载玻片上，用放大镜观察其构造（图7.3）。

① 上唇1片，连于唇基下方，覆盖着大颚，略呈长方形，其弧状下缘中央有一缺刻。

② 大颚为1对坚硬的几丁质块，位于颊的下方，口的左右两侧，被上唇覆盖。两大颚相对的一面有齿。

③ 小颚1对，位于大颚后方，下唇前方。

④ 下唇1片，位于小颚后方，为口器的底板。

⑤ 舌位于大、小颚之间，为口前腔中央的1个近椭圆形的囊状物，表面有毛和细刺。

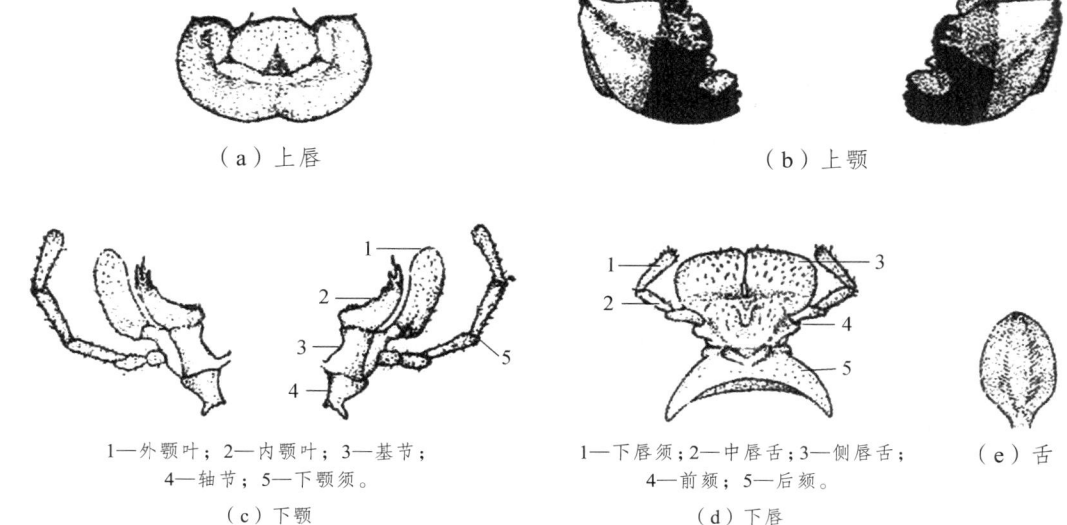

图 7.3 蝗虫的咀嚼式口器

2. 胸 部

胸部位于头部之后,由前、中、后胸 3 节组成(图 7.1)。这 3 个体节的外骨骼均由背板、腹板和侧板组成。其中,前胸背板很大,呈马鞍形,并向两侧和后方延伸。腹板在两足间有一向后弯曲的腹板突。侧板位于背板下方前端,很小,呈三角形。中、后胸背板不发达,为翅所覆盖。侧板发达,有沟。腹板在中、后肠合成一块。胸部有 2 对气门。1 对在前胸和中胸侧板的交界处,另 1 对在中胸和后胸侧板的交界处,均略呈椭圆形。胸部为蝗虫的运动中心。每一胸节均具足 1 对,每足可分为基、转、腿、胫、跗节和前跗节。蝗虫的后足强大,适于跳跃,为跳跃足。在中、后胸的背板和侧板之间分别着生 1 对翅。其中前翅革质,形狭长;后翅膜质,宽大呈扇形,栖息时折叠藏于前翅之下。

3. 腹 部

腹部直接与胸部相连,由 11 个体节组成。每一体节由背板和腹板组成,侧板退化为连接背腹板的侧膜。第 1 腹节与后胸紧密相连。第 9、10 节背板较狭窄且合并,但中间尚有一浅沟。雄体第 9、10 节腹板愈合。尾端尖形者为生殖下板,将其下压,可见内有外生殖器(阴茎)及 1 对钩状的抱雌器。第 10 节后缘两侧各有一尾须。第 11 节背板组成背部三角形的肛上板,两侧各有一个三角形的肛侧板。雌蝗虫腹部末端明显可见属于第 8 节的腹产卵瓣和属于第 9 节的背产卵瓣各 1 对。在背、腹产卵瓣之间的叉状突起称为内产卵瓣(导卵器)。在蝗虫腹部有 8 对气门,分别位于第 1~8 节背板两侧下缘。在第 1 腹节气门后方各有 1 个大而透明的膜状结构,称听器(图 7.1)。

（二）内部解剖

完成第（一）项实验后，将足和翅从基部剪掉，再沿虫体两侧气门上方，将体壁从腹部末端直剪至头后，小心地将背面部分取下，边解剖边观察下列各器官系统（图 7.4）。解剖时在蜡盘中加适量水，以保持内部器官湿润，便于观察。

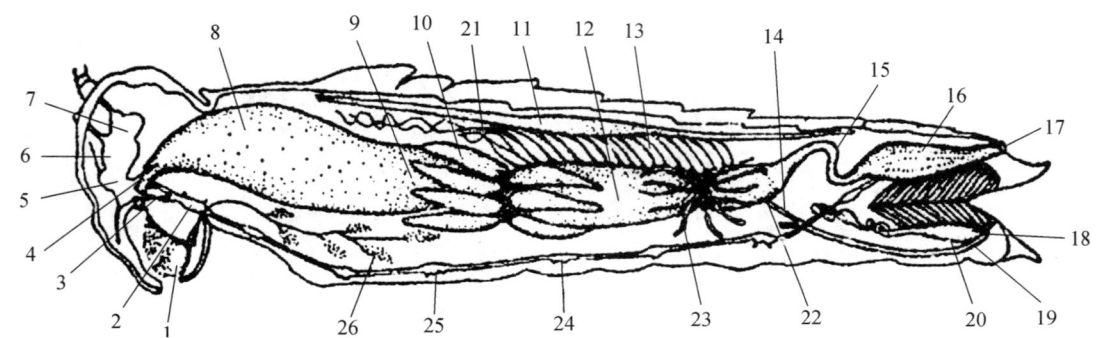

1—舌；2—食道下神经节；3—围食道神经；4—食道；5—后脑；6—中脑；7—前脑；8—嗉囊；9—前胃；10—胃盲囊；11—心脏；12—胃；13—卵巢；14—输卵管；15—结肠；16—直肠；17—肛门；18—生殖孔；19—阴道；20—受精囊；21—副性腺；22—回肠；23—马氏管；24—第 1 腹神经节；25—第 3 胸神经节；26—唾液腺。

图 7.4　蝗虫的内部结构

1. 循环系统

把剪下的背面部分翻起，仔细观察其内壁。背板中间纵线上有一细长的管状结构，即心脏。心脏按节有 8 个略膨大的心室，每室具心孔 1 对。心脏前端连一细管，为大动脉。心脏两侧有扇形的心翼肌。

2. 呼吸系统

自气门向体内有许多白色分支的气管，分布于内部器官和肌肉中。用镊子取气管少许，放于载玻片上，加水一滴，置于显微镜下观察，可见气管壁内膜上的几丁质螺旋纹。

3. 生殖系统

蝗虫雌雄异体且异形（图 7.5）。

（1）雌性生殖器官：卵巢 1 对，位于腹部消化道背侧。由许多自中线斜向后方排列的卵巢管组成。卵巢管的端丝集合成悬带并连于胸部背板之下。输卵管由每一卵巢的后端发出，后行至第 8 腹节前缘的肠道下方，两输卵管汇合成阴道，以生殖孔开口于两腹产卵瓣之间的腹方，即导卵器的基部。受精囊为阴道背方引出的一弯曲小管，其末端形成一小的囊状构造。

（2）雄性生殖器官：精巢 1 对，左右相连成为一长圆形结构，位于腹部消化道背侧，由许多精巢小管组成。输精管从每一精巢后端发出，在肠的腹面汇合成单一的射精管。其后为交配器，位于生殖下板的背面。前列腺为两丛迂回弯曲的细管，开口于射精管前端左右两侧。

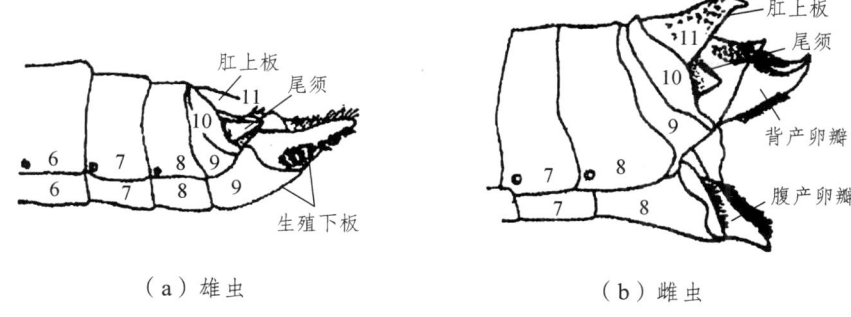

图 7.5 蝗虫腹部（雌雄）的比较

4. 消化系统

蝗虫的消化系统包括前肠、中肠、后肠和唾液腺。前肠由口腔、咽、食道、嗉囊、前胃组成。嗉囊为一膨胀的囊状物。前胃又称砂囊。中肠又称胃，在与砂囊的交界处向前、后各伸出 6 个指状的胃盲囊。后肠由回肠、结肠、直肠、肛门等组成。回肠又称"大肠"，为马氏管着生处后面的一段较长的肠管。结肠又称"小肠"，细小，呈"Z"字形弯曲。直肠膨大，最后开口于肛门。唾液腺 1 对，位于胸部腹面两侧，为白色的葡萄状组织，有细管通至舌的基部。

5. 排泄系统

蝗虫的排泄器官为马氏管，是着生于中、后肠交界处的许多细长的盲管。

6. 神经系统

蝗虫的神经系统由脑、围食道神经及腹神经索组成。脑位于两复眼之间，由左右二叶构成。从脑向前和向两侧发出多条神经与单眼、复眼、触角等相连。自脑发出围食道神经，绕过食道后连于食道下神经节。在腹中线上可见腹神经索，此神经索在胸部有 3 个神经节，腹部有 5 个神经节。

四、示 范

（1）三叶虫（化石）：属节肢动物门三叶虫纲。身体扁平，椭圆形。背面有两条纵向的背沟，因而身体分为中央隆起和两侧扁平的三部分，故称三叶虫。古生代种类，现已绝灭。

（2）鲎：属节肢动物门肢口纲。体形似瓢，背面隆起，腹面凹陷。分头胸部、腹部和尾剑 3 部分。头胸部不分节，具附肢 6 对。第 1 对为螯肢，后续 5 对为步足，位于口周围。腹部具 7 对附肢，第 1 对形成唇瓣，第 2 对左右愈合，形成生殖厣。呼吸器官为书鳃。海产，生活于泥沙质滩涂。

（3）圆网蛛：属节肢动物门蛛形纲。身体分成头胸部和腹部，其间有一紧缩的细腰，两部分均不分节。生活时身体呈灰黑色，有深色斑纹，体表被有毛，腹部附肢特化成纺织器。陆生。

（4）钳蝎：属节肢动物门蛛形纲。身体分成头胸部和腹部。头胸部短，脚须发达，末端为强大的螯肢。腹部共13节，前7节宽大，与头部结合在一起；后6节细长呈尾状，称后腹部；最后1节为尾节，末端呈刺状，内有毒腺。陆生。

（5）蜈蚣：属节肢动物门多足纲。体背腹扁平，分头部和躯干部。头部有触角1对，背面两侧有数个单眼组成的1对复眼。躯干部每一体节有1对附肢。陆生。

（6）巨马陆：属节肢动物门多足纲。体大而长，圆筒状，表面光滑。分头部和躯干部。躯干部前4节属胸部，第1节无足，其他3节各具1对足。躯干部其余各节具2对步足。生活于阴湿之处。

五、作　业

（1）绘制蝗虫外形图（侧面观），注明各部结构名称。
（2）通过对蝗虫的解剖与观察，总结昆虫对陆生生活的适应性。
（3）结合头部感觉器官、口器各部分及各消化器官的功能，试述蝗虫的取食和消化过程。

实验 8 文 昌 鱼

一、目的要求

观察文昌鱼（*Branchiostoma belcheri*）的外形和内部构造，掌握脊索动物的主要特征。

二、材料与用具

文昌鱼整体装片及横切片、显微镜、放大镜以及文昌鱼液浸标本等。

三、内容与方法

（一）整体装片观察

取一张文昌鱼整体染色装片，置于低倍显微镜下观察（附图 8.1）。
（1）口笠与前庭：身体前端腹面，有一由薄膜围成的漏斗状结构，为口笠，口笠的内腔称前庭。
（2）触须、轮器与缘膜触手：口笠边缘成排的须状突起，为触须。前庭底部内壁伸出的由纤毛构成的数条染色较深的指状突起，为轮器。底壁为一环形膜，称缘膜，缘膜中央的孔为文昌鱼的口。口周围有许多短突起，为缘膜触手。但在整体装片上所看到的缘膜为垂直状，其中央的口也看不到，要通过缘膜触手的位置来加以判断。
（3）咽：口后方有宽大的咽。咽侧许多染色深的背腹方向斜行的棒状物为鳃隔，两鳃隔之间的空隙为鳃裂。咽外部被一大腔环绕，此腔为围鳃腔。鳃裂开口于围鳃腔，围鳃腔以腹孔与外界相通。
（4）肠：咽后的一条直管。前端较粗大，后部渐细，末端以肛门开口于身体左侧。在肠管前部腹面向围鳃腔内前右方伸出一盲囊，称肝盲囊。肝盲囊后部的肠管，有一段染色深的区域，称回结环，是消化作用最活跃的部位。

（5）脊索：紧靠消化管背方的一略呈黄色的棒状物。左右移动装片观察，可见脊索纵贯身体全长，前端可达口笠背方身体最前端。

（6）神经管：位于脊索背方的一条较细的纵行长管，比脊索稍短。其前端有一黑色斑点，称眼点，但无视觉作用。管侧壁上有一纵列黑色小点，称脑眼，有感光作用。

（二）横切片观察

取文昌鱼过咽部横切片，在显微镜下观察（附图8.2）。

（1）皮肤：由表皮和真皮组成。表皮位于身体最外层，由单层上皮细胞组成。真皮为表皮之下极薄的一层胶状物质。

（2）背鳍：背中央的突起部分，内有卵圆形的鳍条切面。

（3）肌节：肌节的横断面呈方圆形，位于身体的背部和两侧，背部的较厚，近腹侧渐薄。肌节之间有肌隔。

（4）神经管：位于背鳍条腹方，背部左右肌节之间，其横断面呈卵圆形或梯形，管中央的孔为神经管腔。

（5）脊索：位于神经管腹方，横断面呈卵圆形，较粗大，其周围有较厚的脊索鞘，脊索鞘向背方延伸包围了神经管。

（6）咽：脊索腹方呈长椭圆形的一个大腔。咽壁染色深的部分为鳃隔，因鳃隔呈斜行排列，所以在横切面上可见到许多鳃隔。两鳃隔之间的空隙即鳃裂。咽的背中线处有一深槽，为背板（咽上沟），腹中线处也有一深槽，为内柱（咽下沟）。

（7）围鳃腔：围绕咽部的空腔。

（8）体腔：横切面上能见到的体腔仅为围鳃腔背方两侧各一个不规则的空腔，及内柱下的狭小空腔。

（9）肝盲囊：位于咽的右侧，为一卵圆形的中空结构。

（10）生殖腺：位于围鳃腔两侧，形大而着色深的结构。精巢呈条纹状；卵巢呈块状，卵细胞和其细胞核均大而明显（附图8.3）。

四、示 范

（1）文昌鱼整体装片（幼体）：显示鳃裂和肝盲囊。

（2）文昌鱼纵切片（成体）：显示肌节和生殖腺。

五、作 业

（1）绘制文昌鱼过咽部的横切面图，注明各结构的名称。

（2）试述脊索动物与无脊椎动物的主要区别。

实验 9　鲤鱼的形态与结构

一、目的要求

观察鲤鱼（*Cyprinus carpio*）的外形和内部结构，了解一般硬骨鱼类的主要特征，总结鱼类对水生生活的适应性；识别几种主要经济鱼类。

二、材料与用具

活鲤鱼、脑及骨骼标本、解剖盘、剪刀、镊子、解剖针和放大镜等。

三、内容与方法

（一）外部形态

取活鲤鱼放在解剖盘内观察（附图 9.1）。鲤鱼的身体呈纺锤形，可分为头、躯干和尾 3 部分。口的最前端至鳃盖骨的后缘为头部，鳃盖后缘至肛门为躯干部，肛门至尾鳍为尾部。

1. 头　部

从侧面看，鲤鱼的头呈三角形。口在头部前端（端位）。上唇稍前于下唇。口有 2 对触须，前者短小，后者粗长。眼大而圆，没有眼睑，角膜透明，位于头部两侧。鼻在眼的前方，左右各 1 个鼻腔，由软隔膜分开，前后 2 个鼻孔一大一小，紧靠在一起。在头部后方两侧各有 1 块坚硬的骨质鳃盖，鳃盖后缘有一层新月形的膜质构造，称为鳃膜，在呼吸动作中起重要作用。鳃膜后缘的大孔即为鳃孔。

2. 躯干部及尾部

躯干部的背面稍弯，腹面稍宽而平。尾部两侧平扁。躯干部和尾部的主要器官是发达的鳍、鳞片和侧线。鳍有偶鳍和奇鳍。奇鳍包括背鳍、臀鳍和尾鳍。偶鳍包括胸鳍和腹鳍。各鳍由鳍条和鳍膜组成。鳍条有硬、软之分，前者粗壮强硬，后者柔软且末梢为叉状。尾鳍的上下两叶几乎相等，这种类型的尾称正形尾。将腹鳍两侧拉开，可见泄殖腔孔和肛门。

除头部外，体表均被圆鳞，并呈覆瓦状排列。鳞片的数目常作为分类上的依据。在身体两侧的中央有一条由许多小孔（肉眼可看见呈小点状）连成的纵线，称为侧线，为鱼类重要的感觉器官。用放大镜观察，可见到侧线孔。

（二）内部结构

观察完鲤鱼外形后，用镊子的一只脚（或解剖针）刺入鲤鱼头部顶骨并破坏其脑组织。将已"处死"的鲤鱼放在解剖盘中，用解剖剪从泄殖腔孔向前沿腹中线经腹鳍中间剪至下颌之后，再使鱼体侧卧，左侧向上，自泄殖腔孔的开口向上方剪开，并沿脊椎下方剪至鳃盖后缘，再沿鳃盖后缘剪至胸鳍之间，除去左侧体壁，即可观察鲤鱼的内脏。首先观察各器官所处的自然位置，再观察各个系统（附图9.2）。

1. 消化系统

消化系统包括口腔、食道、肠等组成的消化道以及由肝胰脏、胆囊组成的消化腺。

（1）消化道：剪去左侧鳃盖及一部分上颌，可见口腔由上下颌组成，不能转动。口腔壁由厚的肌肉组成，表面有黏膜。口腔后为咽，左右两侧是鳃裂。用镊子取出咽喉齿（在第5对鳃弓上，易脱落，操作时要小心），观察其形态结构。这种齿能与后头骨腹面的胼胝垫相抵，便于压碎食物（附图9.3）。

食道很短，前接咽，后连肠，由环肌和纵肌组成。食道腔的内壁有纵褶。鲤鱼没有明显突出的胃。食道之后为肠，肠曲折盘旋很复杂，前粗后细。肠的前部2/3为十二指肠和小肠，后部为大肠，最后部分为直肠，末端是肛门，开口于泄殖腔。

（2）消化腺：肝脏大体可分为3叶，呈暗红色，紧贴于盘旋的肠部。胆囊呈椭圆形，深绿色，大部分埋在肝脏内，胆汁是很重要的消化液。胰脏位于肝脏的内、外面，呈分散状态。肝、胰一般解剖不易区别，所以两者合称为肝胰脏，能分泌各种酶素，分解蛋白质、脂肪和淀粉。

2. 呼吸系统

鳃弓位于咽部两侧，各有5条鳃弓，第1~4对鳃弓上各有2对鳃片，排列于鳃弓的外凸面上，第5对鳃弓上无鳃片。鳃片由鳃丝组成，其上有很多毛细血管，是气体交换的场所。前4条鳃弓的每一鳃弓内缘有2行鳃耙，第5鳃弓的前部只有1行鳃耙，鳃耙为滤食器官。

鳔位于腹腔中，很发达，所占空隙较大，分前室和后室，彼此相通。后室的前腹面稍膨大，并由此发出鳔管与食管相连，它的充气与排气有助于鱼体的沉浮。

3. 循环系统

主要观察心脏。它位于身体胸腹面的两胸鳍之间的围心腔内。围心腔与后面的腹腔不相通，心脏由围心膜所包围。将膜去掉，观察心脏外部，有3部分，由后向前依次为壁很薄的静脉窦，壁较厚的心房和壁最厚的心室。由心室向前有圆凸的白色构造，为大动脉球，不属于心脏部分。脾很明显，位于小肠前部背侧、鳔的腹面，细长形，红褐色。

4. 泄殖系统

排泄系统包括肾脏、输尿管、膀胱、尿殖窦等。生殖系统包括生殖腺（精巢或卵巢）和生殖管道（输精管或输卵管）。

1）排泄器官

中肾一对，扁平形，暗红色，位于体腔背壁，紧贴于脊椎腹面，分左右两叶。每叶约1/2处从肾脏通出一根细而薄的输尿管，将近末端合而为一，末端有一个膨大的薄囊，即膀胱。尿殖窦为尿道与生殖管道相连后的直管。头肾1对，不是肾本身，而是淋巴腺的组织，位于肾脏前端，暗红色。

2）生殖器官

① 雄性生殖系统：精巢1对，位于鳔的腹面两侧，肝胰脏的背方。性未成熟时为长扁形，淡红色；性成熟时为白色，且呈长囊状。精巢外被膜，悬于体腔背部。精巢的后方为1对短而细的输精管，在后端左右两管汇合，经尿殖窦开口于尿殖孔。

② 雌性生殖系统：卵巢1对，位于鳔的腹面两侧、肝胰脏的背方，悬于体腔背部。性未成熟时卵粒不明显，呈粉红色的半透明条状；性成熟时，卵巢呈长囊状，内有许多黄色卵粒。卵巢后方为1对短而细的输卵管，左右两管在后端合并后，经尿殖窦开口于尿殖孔。

5. 神经系统

主要观察脑的构造（图9.1）。用解剖剪小心地将鲤鱼头部的颅骨部分去掉，再用镊子除去脑膜，用药棉轻轻擦干脑四周布满的脂肪组织。可见大脑分左右两个半球。大脑的前方有嗅柄和嗅球，中脑在背面形成一对视叶，小脑很发达，延脑前部较宽，后面变窄连接脊髓。由腹面观察，可见大脑和中脑之间有间脑和脑下垂体。

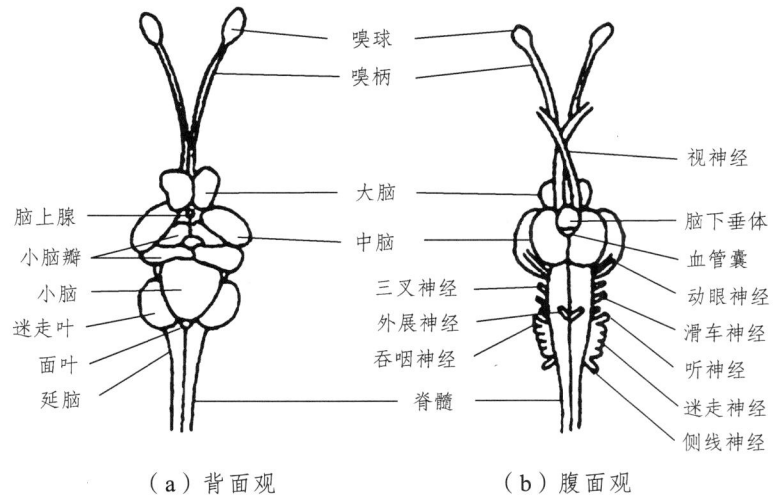

(a) 背面观　　　(b) 腹面观

图9.1　鲤鱼的脑和脑神经

6. 骨骼系统

参看鲤鱼骨骼标本（附图9.4）。头骨分为脑颅和咽颅两部分。咽颅又分成颌弓、舌弓和鳃弓。头骨已骨化，骨片极多且复杂。脊柱分为躯椎和尾椎。附肢骨骼包括带骨和支鳍骨（鳍担骨）。肩带与头骨连接密切，由锁骨、肩胛骨和乌喙骨组成。腰带仅由1对基翼骨（无名骨）组成，游离于肌肉中。

四、作　业

从形态结构等方面总结鱼类对水生生活的适应性。

实验10　鱼纲分类

一、目的要求

学习鱼类的分类方法；了解鱼类各目的特征；认识常见的经济鱼类。

二、材料与用具

鱼类浸制标本、分规、直尺、解剖盘、剪刀、镊子和解剖针等。

三、内容与方法

（一）分类术语简介

鱼类的外部形态和构造往往是鱼类的分类标准，因此，必须了解有关的术语与测量方法。描述鱼类时，可参考下列内容：

（1）外形观察：名称（中文名、学名、地方名、同物异名），体形，体色，体长，全长，各部与体长的比例，头（形状、大小），口（位置、大小、形状），吻（形状、比例），眼（形状、位置、大小），鼻瓣，上下颌，须，唇，口腔，齿式，鳃膜，鳃盖骨，鳞（形状、大小、分布、鳞式），侧线，鳍（形状、位置、颜色、鳍式），尾柄，肛门，性别等。

（2）内部解剖：体腔大小，腹膜颜色，肠，胃，鳔，脊椎骨数目和鳃等。

（3）其他：生活习性（栖息及生物学特性），渔业经济（捕捞网具、加工利用），分布（国内外），标本标签，参考文献等。

为便于查阅和比较，正确地鉴定标本，本书将部分形态名词列出，并适当地加以说明。由于鱼类千姿百态，不可能全部列出，仅列出鲤类、鳅类、鲶类和鲈类的部分形态术语。

1. 鲤类（图 10.1）

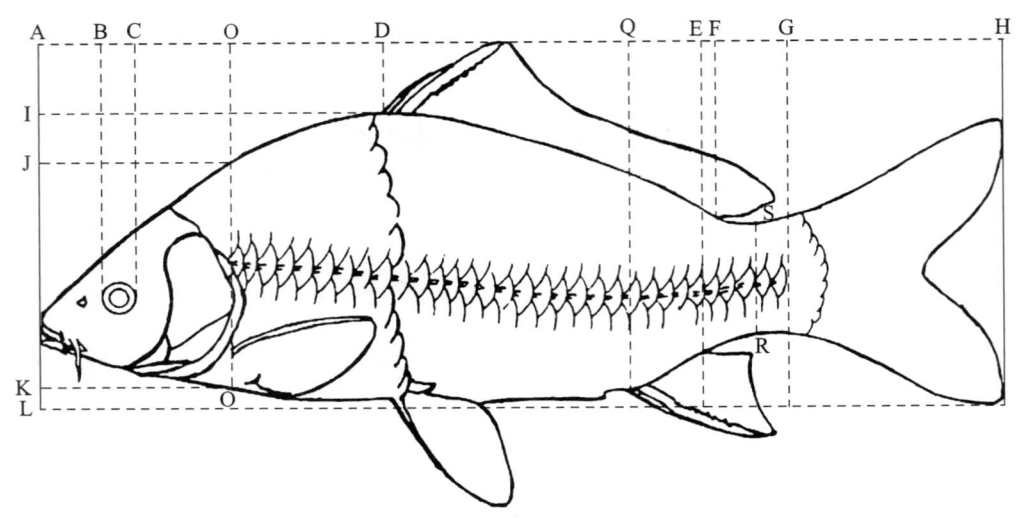

图 10.1　鲤鱼的外形

全长：从吻端或下颌前端到尾鳍末端的长度（A~H）。
标准长：从头的最前端到尾鳍基（最末尾椎骨）的长度（A~G）。
头长：从头的最前端（吻或下颌）到鳃盖骨后缘的长度（A~O）。
头高：头的最大高度，从头的最高点到头腹面的垂直距离（J~K）。
吻长：从眼眶前缘到吻端的长度（A~B）。
口宽：指口角之间的距离。
眼径：眼眶前缘到眼眶后缘的距离（B~C）。
眼间距：从鱼体的一侧眼眶上缘到另一侧眼眶上缘之间的最小宽度。
眼后头长：从眼眶后缘到鳃盖骨后缘的长度（C~O）。
体高：鱼体的最大高度，从背部上缘起到腹缘的垂直距离（I~K）。
尾柄长：从臀鳍基部后端到最后一个尾椎骨后缘的距离（E~G）。
尾柄高：尾柄最低处的高度（S~R）。
背鳍基长：从背鳍起点到背鳍基部后端的距离（D~F）。
臀鳍基长：从臀鳍起点到臀鳍基部后端的距离（E~Q）。
侧线鳞：沿侧线一行有侧线孔的鳞片数目，即从鳃孔上角起一直到尾鳍基部之间具侧线孔的鳞片数目。侧线上鳞是从背鳍起点处的一片鳞向下斜数到接触侧线鳞的一片鳞为止的鳞片数目。侧线下鳞是从腹鳍起点向上斜数至接触侧线鳞的数目，并在其后加一个"V"字。侧线鳞的书写形式如：$49\frac{9-10}{6-7-V}52$，是指沿侧线的鳞片是 49~52 个，侧线至背鳍起点有 9~10 个鳞片，侧线至腹鳍起点有 6~7 个鳞片。
纵列鳞：是指无侧线鳞或侧线不完全的鱼体中轴鳞片数目，或与侧线鳞相接的一列纵行鳞片数目。

背鳍前鳞：从背鳍起点沿背部中线至头后的一列鳞片。

围尾柄鳞：环绕尾柄最低处一周的鳞片。

臀鳞：指裂腹鱼亚科鱼类的泄殖孔前后和臀鳍基部两侧各有一列特化的鳞片，有的种类可达到或接近腹鳍基部后端（图10.2）。

腋鳞：指腹鳍基部的狭长鳞片。

圆鳞：鳞片的后部边缘光滑。

栉鳞：鳞片的后部边缘为小刺或锯齿。

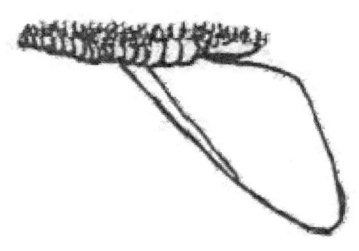

图 10.2 裂腹鱼类的臀鳞

背鳍：由不分枝鳍条和分枝鳍条组成。不分枝鳍条和分枝鳍条均用数字表示，例如：Ⅲ，8~9，是指不分枝鳍条为3根，分枝鳍条为8~9根。在一些鱼体上，常可看到最后一根分枝鳍条从一个基部出发，明显呈2根分枝鳍条，计数时只作为1根。

臀鳍：臀鳍条计数和表示方式与背鳍相同。

胸鳍：与背鳍相同。

腹鳍：与背鳍相同。

腹棱：肛门以前沿腹部中线隆起的皮质棱。有的鱼直达胸鳍基部，有的鱼仅达腹鳍基部或仅有一小部分。

鳃盖：在头部两侧，每侧由4个较大的骨片组成。鳃盖的最后一块骨片为鳃盖骨，位于其前方的骨片为前鳃盖骨，下方的为下鳃盖骨，介于前鳃盖骨和下鳃盖骨之间的为间鳃盖骨，最下面的条状骨片为鳃膜骨。盖在鳃盖骨上的皮质为鳃盖膜。

鳃弓：在鳃腔内着生有鳃丝和鳃耙的骨条。

鳃耙：是鳃弓内侧的刺状、瘤状或其他形状的突起，分外侧和内侧各一列。通常取左侧第一片鳃进行计数（图10.3）。

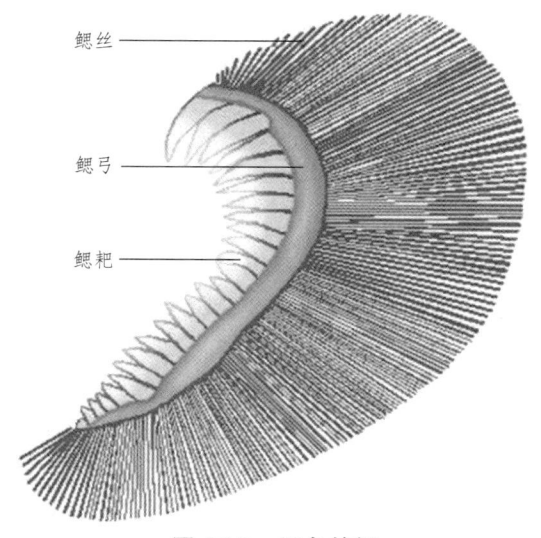

图 10.3 鲤鱼的鳃

口位：指口裂的位置。一般分为上位、端位和下位三类。上位是指下颌比上颌突出，口裂前端在头的背上方。端位是指上下颌等长，口裂在头的前端。下位是指上颌比下颌突出，口裂在头的腹面。

须：指着生在头部不同位置的须。吻须着生在吻部，颌须着生在上下颌上，鼻须着生在鼻孔上，颏须着生于颏部。

下咽骨：是由最后一对鳃弓的下部分特化而形成的骨质结构（附图9.3）。

下咽齿和齿式：齿的行数随鱼的不同种类而异。以鲤鱼为例，有3行，左边第一行有咽齿1枚，第二行有1枚，第三行有3枚；右边第一行有3枚，第二行有1枚，第三行有1枚。该齿式书写为1.1.3/3.1.1。

鳔：在体腔背部或前部充有气体的囊，一般由1~3个室组成。有鳔管与肠相通或无鳔管。有的种类鳔前室被包裹在骨质鳔囊中（图10.4）。

图10.4 硬刺高原鳅的鳔

以下各类鱼与鲤类相同测量性状从略，只列出常用的不同点。

2. 鳅类（图10.5）

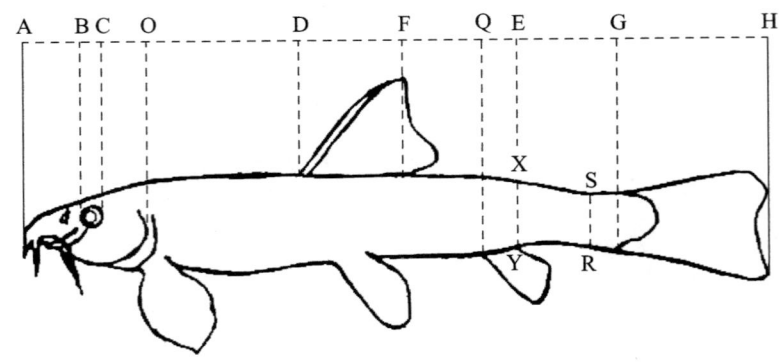

图10.5 硬刺高原鳅的外形

尾柄起点处高：从臀鳍基部后端向上的垂直高度（X~Y）。

鳃耙数：指第一鳃弓内侧鳃耙的数目。

背鳍前距：从头最前端到背鳍起点的直线距离（A~D）。

背鳍后距：从背鳍起点到尾鳍基部的直线距离（D~G）。

3. 鮠（图 10.6）

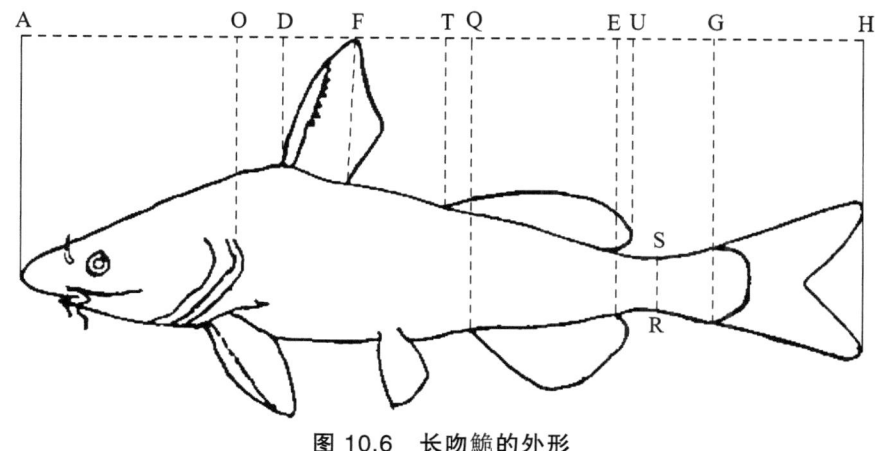

图 10.6　长吻鮠的外形

脂鳍长：从脂鳍起点到脂鳍基部后端的直线距离（T～U）。
鳃耙数：指第一鳃弓外侧鳃耙的数目。

4. 鲈（图 10.7）

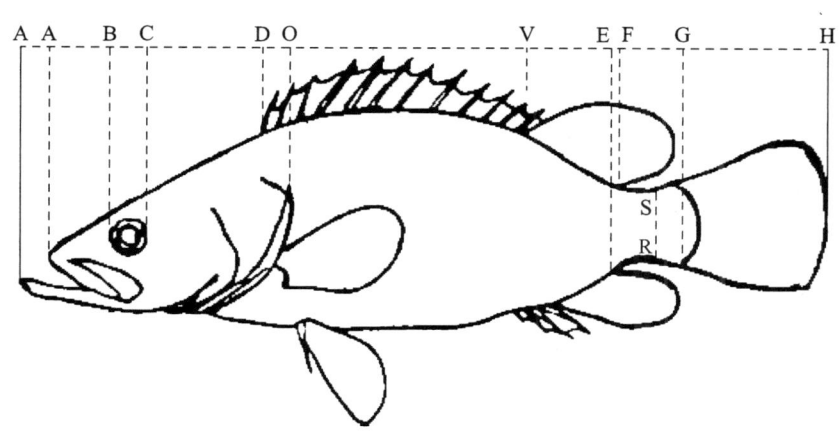

图 10.7　鳜鱼的外形

吻长：从吻端到眼前缘的直线距离（A～B）。
头长：从头的最前端（下颌）到鳃盖骨的主刺突末端的距离（A～O）。
背鳍硬棘基长：从背鳍起点到基部最后一根硬刺的距离（D～V）。
鳍及其书写形式：一般由鳍棘组成第一背鳍，通常用罗马数字表示，如 X～XIV 是指有 10～14 根鳍棘。鳍棘和分枝鳍条组成第二背鳍，用罗马数字和阿拉伯数字表示，如 VI，5～8，指该鳍有 6 根鳍棘，5～8 根分枝鳍条。
幽门垂：也称幽门盲囊，是指胃的幽门部与肠交界处的囊状突起。
口腔齿：有一些鱼类在口腔内有齿。着生在上、下颌骨的为上、下颌齿。有的在犁骨、腭骨和舌骨上也有齿，或在下咽骨上还着生有细小的齿。

（二）鱼纲分类

1. 板鳃亚纲

（1）分目检索表。

1（2）眼侧位；鳃裂开口于头的两侧；胸鳍正常，与体侧和头侧不愈合…………鲨总目

2（1）眼上位；鳃裂开口于头的腹面；胸鳍前缘与体侧及头侧愈合……………鳐总目

（2）板鳃亚纲各目及其代表简介。

① 鲨总目：身体呈长纺锤形。有发达的鳍，适于中上层快速游泳。齿多，具捕食和防止捕获物滑脱的功用。外鳃孔位于体侧。

白斑星鲨：体形修长，体长一般小于1米。身体灰褐色，具白斑。眼具瞬膜。牙细小而多。喷水孔小。

② 鳐总目：鳃裂开于头的下方。背腹扁平，胸鳍极发达，与体躯及头的侧部愈合。无臀鳍，尾鳍不发达。生活在水底，不太活动。

赤魟：体形扁平而阔。吻宽而短，前端钝。无背鳍和臀鳍，腹鳍小。尾细长呈鞭状，其上有一长棘，有毒。背面正中具1行结刺，肩区两侧具1～2行结刺。

2. 全头亚纲

全头亚纲上颌与脑颅愈合，故称全头。头部每侧有一外鳃孔，被皮褶形成的鳃盖所遮盖。鳃裂4对，无喷水孔。无鳞。背鳍棘能竖立，胸鳍很大，尾细长。无泄殖腔，肛门和泄殖孔分别开口于体外。无椎体，脊索发达。雄体具鳍脚。我国仅有黑线银鲛一种。

3. 辐鳍亚纲

各鳍有真皮性的辐射状鳍条支持，没有内鼻孔，体多被圆鳞或栉鳞。

（1）鱼类分目检索表。

1（2）尾歪形；体被5行骨板或裸露…………………………鲟形目（Acipenseriformes）

2（1）尾正常；体被圆鳞、栉鳞或裸露

3（10）具鳔管并与食道相通

4（7）无韦伯氏器

5（6）脂鳍存在……………………………………………鲑形目（Salmoniformes）

6（5）无脂鳍，体细长呈蛇形，鳃孔小……………………鳗鲡目（Anguilliformes）

7（4）脊柱的前4个椎体组成韦伯氏器

8（9）体被圆鳞或裸露；上、下颌无齿；第3和第4个椎体不愈合
…………………………………………………………………鲤形目（Cypriniformes）

9（8）体无鳞；上、下颌有细齿；第3和第4个椎体愈合
…………………………………………………………………鲶形目（Siluriformes）

10（3）无鳔管与食道相通

11（16）背鳍无发达的鳍棘

12（15）左右鳃孔分离；成鱼有胸鳍

13（14）体无侧线；头很短，下颌前端短而钝………鳉形目（Cyprinodontiformes）

14（13）体有侧线，完全；头很长，下颌前端尖长，呈针状
……………………………………………………………颌针鱼目（Beloniformes）

15（12）左右鳃孔愈合；成鱼无胸鳍………………合鳃目（Synbranchiformes）

16（11）背鳍一般具有发达的鳍棘……………………鲈形目（Perciformes）

（2）辐鳍亚纲分目简介。

① 鲟形目：体呈纺锤形，歪形尾，体裸露或被5行骨板，仅尾上具硬鳞，体多软骨，吻发达。本目仅有鲟科和白鲟科。

中华鲟：体被5行骨板，口前有4条触须，背鳍位于腹鳍后方。我国南方河流有分布，体大，肉味美。已列为国家一级保护动物。

白鲟：体裸露，尾鳍上叶有硬鳞，须2条，无鳃盖骨，下鳃盖骨呈叶状，吻特别长，仅我国长江有分布。已列为国家一级保护动物。

② 鳗鲡目：体呈棍棒状，现存种类无腹鳍，鳃裂小，脊椎骨多达260个，背鳍与臀鳍无棘，很长，常与尾鳍相连。

鳗鲡：体延长成圆筒状，有锐齿，舌明显，有胸鳍，奇鳍彼此相连，鳞退化，埋于皮下呈线状。背鳍起点垂直线至臀鳍间的距离为头长的2/3以上，胸鳍为头长的1/3。体无斑点。生活在温热带淡水中，性成熟后到海水中产卵。肉味鲜美，为名贵经济鱼类。

③ 颌针鱼目：鳔不与食道相通，胸鳍位置偏于背方，侧线位低，接近腹部。主要为海产鱼。我国主要有颌针鱼科、鱵鱼科和飞鱼科。

燕鳐鱼：体长略呈菱形，头短，背部平坦，圆鳞甚大，胸鳍发达，展开如翅，能在水面上滑翔，尾鳍下叶较长。我国黄海、渤海均有分布，属飞鱼科燕鳐鱼属。

④ 合鳃目：鳍无棘，无鳔，背鳍、尾鳍和臀鳍连在一起，如有腹鳍为喉位；鳃裂移于头的腹面，两鳃裂连在一起成一横缝，故称合鳃。鳃常退化，由口咽腔及肠代行呼吸。无眶蝶骨、肩胛骨、乌喙骨及支鳍骨。我国仅有黄鳝一种。

黄鳝：合鳃目合鳃科黄鳝属鱼类。体呈圆筒形，鳍均退化，无鳔，鳃孔在腹面联合为一横裂，鳃退化，口腔及咽喉的黏膜上富有血管，能进行空气呼吸。是一种肉食性鱼类。

⑤ 鲤形目：具有韦伯氏器，连接鳔与内耳，鳔有鳔管与消化道相通。腹鳍通常位于腹位。颌骨无齿，咽骨呈镰刀状并具咽喉齿；第3、4椎骨不愈合，肌肉中有肌间刺。无脂鳍。无幽门盲囊。我国淡水养殖品种多为本目鱼类，包括胭脂鱼科、鲤科、鳅科和平鳍鳅科。

青鱼：鲤科雅罗鱼亚科青鱼属鱼类。体呈青黑色，腹部乳白色。体长而略呈圆筒形。头部稍平扁，口端位，无触须，下咽齿1行，呈臼齿状。侧线鳞39~46；背鳍Ⅲ，7~8；臀鳍Ⅲ，8~9，无硬刺。为我国著名的四大家鱼之一。

草鱼：鲤科雅罗鱼亚科草鱼属鱼类。体呈茶黄色，腹部灰白。体延长，腹部圆；下咽齿2行，侧扁，侧面具横纹，呈梳状。背鳍Ⅲ，7；臀鳍Ⅲ，8；侧线鳞39~46。为我国著名的四大家鱼之一。

鲢鱼：属鲤科鲢亚科鲢属鱼类。体呈银白色，无斑纹。体侧扁，自胸部到肛门之间有发达的腹棱。眼小，位置很低。下咽齿1行，平扁成勺形；鳃耙呈海绵状，有螺旋形的鳃上器。鳞小，侧线鳞108~210；背鳍Ⅲ，7；臀鳍Ⅲ，12~13。为四大家鱼之一。

鳙鱼：鲤科鲢亚科鳙属鱼类。腹棱不完全，仅自腹鳍基部至肛门；胸鳍大，后伸远超过腹鳍出点。头大，眼在头侧下部。鳃耙细密但互不相连。背部及体两侧上半部微黑，体两侧有许多不规则的黑色斑点，腹部银白色。鳞小，侧线鳞96~110；背鳍Ⅲ，7；臀鳍Ⅲ，12~13。为四大家鱼之一。

鲫鱼：鲤科鲤亚科鲫属鱼类。背鳍与臀鳍中最长的棘后缘有锯齿。口部无触须。咽喉齿侧扁，1行4/4。背鳍Ⅲ，16~18；臀鳍Ⅲ，5~6；侧线鳞28~30。体呈银灰色，背部较深。为我国常见淡水鱼类。

团头鲂：鲤科鳊亚科鲂属鱼类。腹棱自腹鳍至肛门。背鳍具硬刺，Ⅲ，7；臀鳍无硬刺，Ⅲ，27~32，多数为28~29。尾柄长小于尾柄高。背鳍刺一般短于头长，标准长为体高的1.9~2.3倍。鳃耙13~17。为我国淡水名贵鱼类。

翘嘴红鲌：鲤科鳊亚科红鲌属鱼类。主要以鱼类为食。体侧扁。口上位，下颌坚厚，口裂几乎与体轴垂直。腹棱自腹鳍至肛门。背鳍具硬刺，Ⅲ，7；臀鳍无硬刺，Ⅲ，21~25；侧线鳞83~93；尾鳍灰黑色；鳔3室。标准长为体高的4.0~5.1倍，头长为眼间距的4.2~5.2倍。

银鲴：鲤科鲴亚科鲴属鱼类。分布于我国各地。腹鳍与肛门间有不完全的腹棱；下颌有稍发达的角质边缘。背鳍Ⅲ，7~8，第3根不分枝鳍条为光滑而粗壮的硬刺；臀鳍Ⅲ，8~10；鳃耙38~45；侧线鳞53~64。体背部灰黑色，两侧及腹部银白色，腹鳍与臀鳍基部杏黄色。

泥鳅：鳅科泥鳅属鱼类。体形修长，呈圆筒形。口下位，口须5对。鳞小，侧线鳞154~160。鳔小，呈双球形，包于骨质囊中。背鳍Ⅱ，7；臀鳍Ⅱ，6。体表密布不规则的黑色斑点。

⑥鲶形目：身体裸露。有触须数对。一般有脂鳍。上颌骨退化，仅余痕迹，用以支持口须；颌骨有齿。我国分布7科17属。

鲶鱼：鲶科鲶属鱼类。无鳞，无脂鳍；背鳍1个，很小，呈丛状，鳍条4~6根；臀鳍长，具77~83根分枝的软鳍条。须2对。体灰黑色，腹部白色。鲶鱼以其他鱼类为食。

黄颡鱼：鮠科黄颡鱼属鱼类。具脂鳍；背鳍和胸鳍具有强大的棘，其后缘有锯齿；背鳍Ⅱ，7；臀鳍20~21。体无鳞，侧线平直。须扁长，4对。体青黄色，腹部淡黄色，体侧具不规则的黑色斑块，鳍灰黑色。

⑦鲈形目：鳔无鳔管。腹鳍胸位或喉位；通常具有2个背鳍，第一背鳍一般具有硬棘。如有鳞片，通常为栉鳞。本目多为海产经济鱼类。

鳜鱼：鮨科鳜属鱼类。体侧扁而背部隆起，体黄褐色有斑点。头大，口大，下颌突出，有锐齿。鳞为栉鳞。腹鳍胸位；背鳍前方有 12 条硬棘；臀鳍有 3 条硬棘。鳃盖骨后部有 2 棘。侧线鳞 121～128。为凶猛鱼类，其味鲜美。

罗非鱼（非洲鲫鱼）：丽鱼科鱼类。从外国引入我国，现已成为我国养殖鱼类品种之一。体被栉鳞。侧线前后中断为二。背鳍Ⅳ，11；臀鳍Ⅲ，10。鳃耙 14～19。受精卵在亲鱼口中孵化。

四、作 业

编制鲤鱼、鲫鱼、草鱼、白鲢、花鲢、鲶、黄鳝、泥鳅和罗非鱼等鱼类的分类检索表。

实验 11 蛙的形态与结构

一、目的要求

观察美国青蛙（*Rana grylio*）的外形和内部构造，联系其两栖生活方式，了解两栖类动物的基本特征。

二、材料与用具

黑斑蛙、蜡盘、大头针、剪刀、镊子、解剖针和几种常见两栖类的液浸标本等。

三、内容与方法

（一）外形观察

蛙身体短而宽，左右对称，分头、躯干和四肢 3 部分。皮肤表面具有各种颜色，是由色素细胞所致，与其生活环境相关。皮肤内含有大量黏液，因此皮肤能经常保持润湿，利于呼吸。

（1）头部扁平，三角形，前端为宽大的口，上前端有 2 个外鼻孔，孔边有瓣膜，且可开关。头两侧具眼，眼有上下眼睑，外有透明瞬膜，入水后瞬膜掩闭眼球，可在水中自由游泳。瞬膜之后有一鼓膜，其内为中耳。雄蛙在口角基部有一对鸣囊，鸣叫时向外扩大如球。颈部只有在骨骼中看到一颈椎，活体不明显。

（2）躯干短而肥圆，背面色深，或有皱褶，腹面白色，躯干末端具泄殖腔。

（3）前肢较短小，由上臂、腕、掌、指组成。指间无蹼。雄蛙在春季交尾期第一指基部生有肉瘤，称指瘤或婚垫，有抱雌之用。后肢极为发达，由大腿、小腿及五趾形的足构成。趾间有蹼，以利于游泳。

（二）内部解剖

采用双毁髓法将蛙处死（或用乙醚麻醉）。用解剖针从蛙的头部后端枕骨大孔向前刺入颅腔，并在颅腔内搅动，捣毁脑组织。然后将解剖针退回枕骨大孔，向后刺入脊髓腔内破坏脊髓。

将处死的蛙腹面向上，放在解剖盘内，用剪刀沿腹壁中线稍偏左侧剪开腹壁，向前剪至肩带，向两侧拉开体壁，用大头针将其固定在蜡盘上（附图11.1）。

1. 消化系统

蛙的消化系统由消化道及其附属的消化腺组成。消化道包括口腔、食道、胃、肠和泄殖腔等，消化腺包括肝脏和胰脏。用剪刀剪开蛙的口角，使口张大，令口腔全部暴露。

沿上颌边缘有1行尖锐的牙齿，即颌齿。在口盖的前方有2丛细齿，为犁齿。

口腔顶壁前方外侧有1对椭圆形的内鼻孔，与外鼻孔相通。耳咽管孔位于口咽腔的后端，颌角附近的1对大孔，与中耳相通。喉门为下颌的后部，口腔后方的1条纵裂缝。咽的最后部位是食管的进口，与咽腔之间无明显界限。在多数种类雄蛙的口腔底部、耳咽管稍前方有1对小孔，即声囊孔。

舌软厚多肉，扁阔而富有黏液，位于口腔底部，前端固着于下颌上，后端游离，呈叉状，能翻出口外捕捉食物。

食道很短，开口于喉的背面，下端与胃相连。胃位于体左侧，稍弯曲，前端稍粗，后端稍细，有一明显的紧缩部分，即幽门，为胃与小肠的交界处。肠分小肠与大肠。小肠又由十二指肠和回肠组成，起于胃后，弯向前方的一小段为十二指肠；自十二指肠向后折，经过几次回旋而达大肠的部分为回肠。大肠膨大而陡直，开口于泄殖腔。

泄殖腔比大肠短小，为汇纳肛门、输尿管和输卵管（雌蛙）的管道。泄殖腔的腹面有膀胱开口。

肝脏位于胸腹腔的前端，呈红褐色，由较大的左右二叶和较小的中叶组成。右肝脏背面、左右两叶之间有一绿色近圆形的胆囊，内储胆汁。有2根胆囊管与胆囊相通，1根与肝管连接，接收肝脏分泌的胆汁，1根与胆总管相接，胆总管末端通十二指肠。

胰脏为一条不规则的淡红色或黄白色的管状腺，位于胃与肠之间。把肝、胃和十二指肠翻折过来指向前方，即可看到胰脏的背面。

2. 呼吸系统

成蛙用肺皮呼吸。肺呼吸的器官有鼻腔、口腔、喉气管室和肺。蛙呼吸时，空气自外鼻孔进入鼻腔，经内鼻孔而达口腔，鼻瓣关闭，口底上升而将空气压入喉门，经喉气管室入肺。肺为1对近似椭圆形的薄壁囊状物，密布血管，具有弹性。皮肤为重要的辅助呼吸器官，在很大程度上参与气体交换。剥开皮肤，可见其内表面布满微血管和淋巴管。

3. 泄殖系统

（1）雄性泄殖系统包括中肾、精巢、输精（尿）管等（图 11.1）。

肾脏为 1 对暗红色扁平的器官，位于体腔的后部，贴近脊柱的两侧。肾的腹面镶嵌着一排橙黄色的肾上腺，为内分泌腺体。由肾的外缘近后端发出输尿管，开口于泄殖腔的背侧，此管兼作输精之用。膀胱连附于泄殖腔的腹面，位于体腔后端腹面中央，为一薄壁的两叶状囊。

精巢 1 对，位于肾脏的腹面内侧，淡黄色，卵圆形，其大小常因个体与季节的不同而有差异。自精巢发出的输精小管与输尿管相通。

脂肪体在生殖腺的前端，黄色，指状，其体积大小在不同季节变化很大。

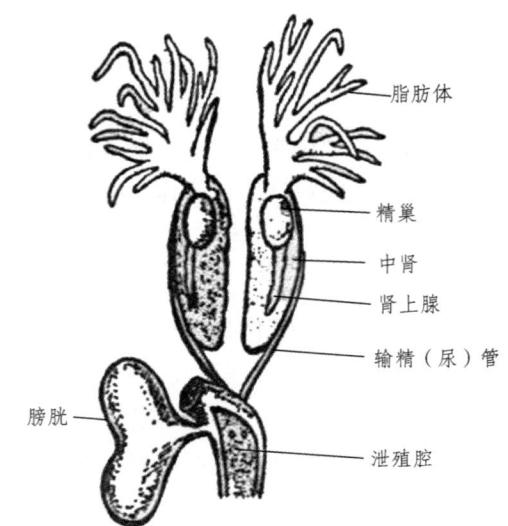

图 11.1 雄蛙的泄殖系统

（2）雌性泄殖系统与雄性相似，但其输尿管只作输送尿液之用。生殖系统包括卵巢、输卵管和子宫（附图 11.2）。

卵巢位于肾脏前端腹面，大小、形状因季节不同变化很大，生殖季节极度膨大，内有许多黑色球形卵。卵巢外壁向外有许多皱褶。输卵管为长大而迂曲的管子，位于卵巢的外侧，前端开口在紧靠肺底的旁边，状似漏斗；后端膨大成囊状，称为子宫。子宫开口于泄殖腔的背面。

4. 神经系统

观察蛙的神经系统标本（图 11.2），了解蛙的脑和脊髓的结构，外周神经和中枢神经的关系。

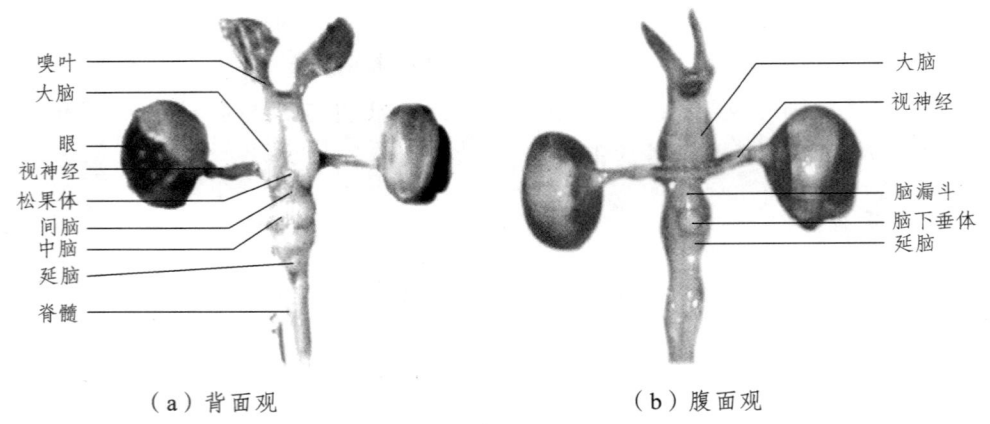

图 11.2 蛙 脑

5. 骨骼系统

参看蛙骨骼标本（附图 11.3）。

蛙有颈椎 1 枚，前方突起的两侧有 1 对关节窝与颅骨的 2 个枕骨髁相关节，使头部有了上下运动的可能性。有胸骨，无肋骨。

肩带由肩胛骨、乌喙骨、上乌喙骨和锁骨等构成。前肢骨包括肱骨、桡尺骨、腕骨、掌骨和指骨。

腰带由髂骨、坐骨和耻骨构成骨盆。附肢五趾型。后肢骨由股骨、胫腓骨、跗骨、蹠骨和趾骨构成。

四、示　范

（1）蟾蜍：属两栖纲无尾目。体暗褐色，腹面乳黄色，具黑褐色花斑，皮肤上有突起。具耳后腺，能分泌毒液。毒液经加工处理后可制成著名的中药"蟾酥"。

（2）大鲵（娃娃鱼）：属两栖纲有尾目。体大粗笨，头躯宽扁，具扁尾。眼小，无眼睑，口裂大。四肢短扁，前肢四趾，后肢五趾。

（3）山溪鲵（羌活鱼）：属两栖纲有尾目。体小，形似大鲵，后肢四趾。生活在山区冷水中。

五、作　业

总结两栖动物对陆生生活的初步适应性和不完善性。

实验 12　鳖的形态与结构

一、目的要求

通过对中华鳖（*Pelodiscus sinensis*）的外形观察和内部解剖，认识爬行动物的基本结构，掌握爬行动物进一步适应陆生生活的特征。

二、材料和用具

中华鳖、解剖盘、剪刀、镊子、解剖针和几种常见爬行类的液浸标本等。

三、内容与方法

（一）外部形态

中华鳖俗称甲鱼，体扁平，呈椭圆形。全体可分为头、颈、躯干、尾和四肢 5 部分。头、尾和四肢可自由地缩入骨甲内。

（1）头部：略呈三角形，吻长而突出。外鼻孔 1 对，位于头最前面的吻端。眼在头两侧，小而圆，具上下眼睑和瞬膜。口在头前端腹面，横裂状，上下颌具角质鞘，口内无齿。鼓膜在口后方，圆形，平滑，有明显轮廓。

（2）颈部：转动、伸缩灵活，受惊时能迅速缩入躯壳。

（3）躯干部：宽短扁平，整个躯体包被在背腹两片骨质硬壳中。背面椭圆形，稍隆起；皮肤革质，灰黑色或灰黄色，表面有微小疣状突起，缺乏腺体；四周有稍延伸的褶皱形成的肥厚柔软的裙边。腹面稍平，乳白色或淡黄色。

（4）尾：短小，扁锥形。

（5）四肢：粗短，均为五趾型。趾间具蹼，内侧 3 趾具爪。

雌、雄鳖在外形上有所区别：雄鳖体较薄，呈椭圆形，前部小，后部大，尾粗大，长度超出裙边之外；雌鳖体较厚，前部较宽，后部较窄，尾细小，很少能露出裙边。

（二）内部结构

将鳖腹面向上平放在木板上，鳖便会伸长颈部，并使头颈弯曲，试图翻身。当鳖伸颈时迅速用力从颈部横割一刀。致死后，沿鳖体背腹面之间的侧缘剪开皮肤并揭开腹甲，暴露内脏（图 12.1）。

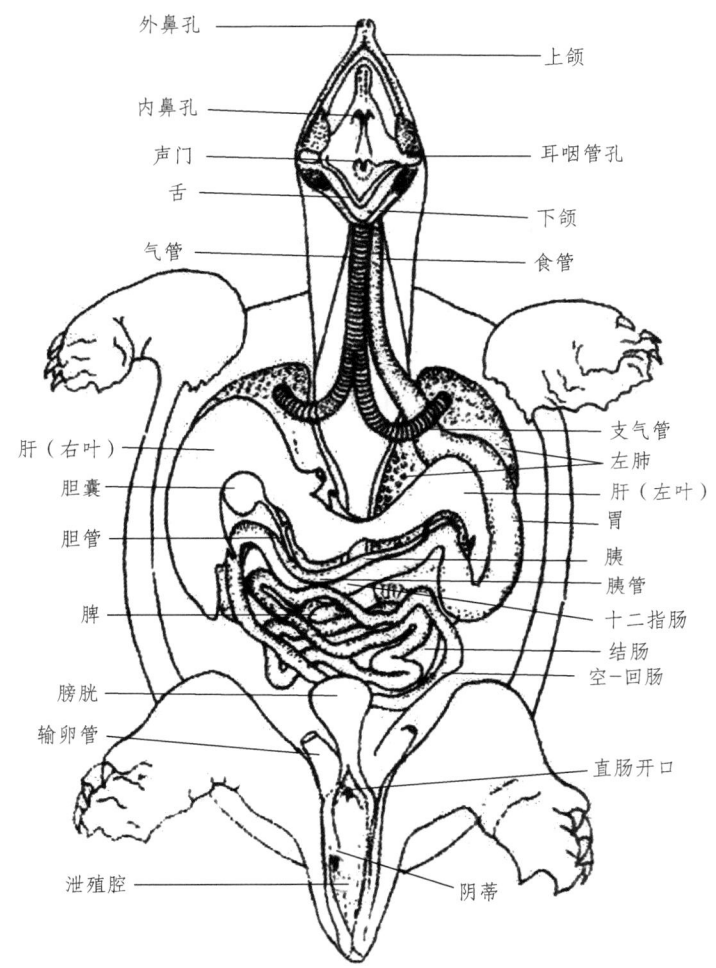

图 12.1 鳖的口腔、消化和呼吸系统

1. 消化系统

鳖的上、下颌具角质鞘，但无齿。口腔底部有肌肉质舌。口腔颌角之后为咽，咽后接较长的食道，下接胃。食道与胃的交界处称为贲门，胃与十二指肠相交处称幽门。十二指肠具降支和升支，其后为盘曲的小肠，在与较粗大的大肠连接处分出膨大的盲肠。大肠后为短的直肠，与泄殖腔相通。胰脏位于十二指肠"U"形弯曲中。肝脏分两叶，位于体腔前部、胃的腹面。胆囊位于肝右叶的背面，有胆管开口于十二指肠。在十二指肠与直肠的肠系膜上，可见一暗红色椭圆形的脾脏，属淋巴器官。

2. 呼吸系统

剪开两口角,打开口腔。在顶壁的前部可见 1 对内鼻孔。在口腔深部,咽的腹面为喉,后接气管,又分 2 支通入肺。肺为海绵状,左右两叶紧贴在体腔背壁上。

3. 循环系统

(1)心脏。

心脏位于体腔前方,近似扁三角形,有围心膜包围。心脏前部为左、右心房,壁薄。左、右心房后为三角形的、肌肉较厚的心室。室内具不完整的隔膜把心室分成左侧和右侧两部分。静脉窦位于心脏背面中央,薄壁,连接右心房。

(2)主要血管。

肺动脉:发自心室腹面前方偏右侧,随即分成 2 支进入肺部。

左体动脉弓:心室前中央 1 支经心脏左前方,呈弓状,折向心脏背后方的血管,紧靠体背中央往后延伸,并与右大动脉汇合。

右体动脉弓:心室右侧的 1 支较粗的血管,在右心房的前方分出 1 支总颈动脉。

右体动脉弓和左体动脉弓在后方汇合为背大动脉。

4. 泄殖系统

鳖有肾脏 1 对,暗紫色,位于体腔背方中线左右。从肾脏发出输尿管通至泄殖腔。膀胱位于泄殖腔前腹面;另有 1 对副膀胱位于泄殖腔的左右,分别开口于泄殖腔。

雄性生殖系统由白色的睾丸、附睾和输精管组成。外生殖器为单个阴茎,内有阴茎海绵体 [图 12.2(a)]。雌性生殖系统由黄色的卵巢与输卵管构成,卵巢上可见许多卵泡 [图 12.2(b)]。雌、雄生殖孔开口于泄殖腔内。

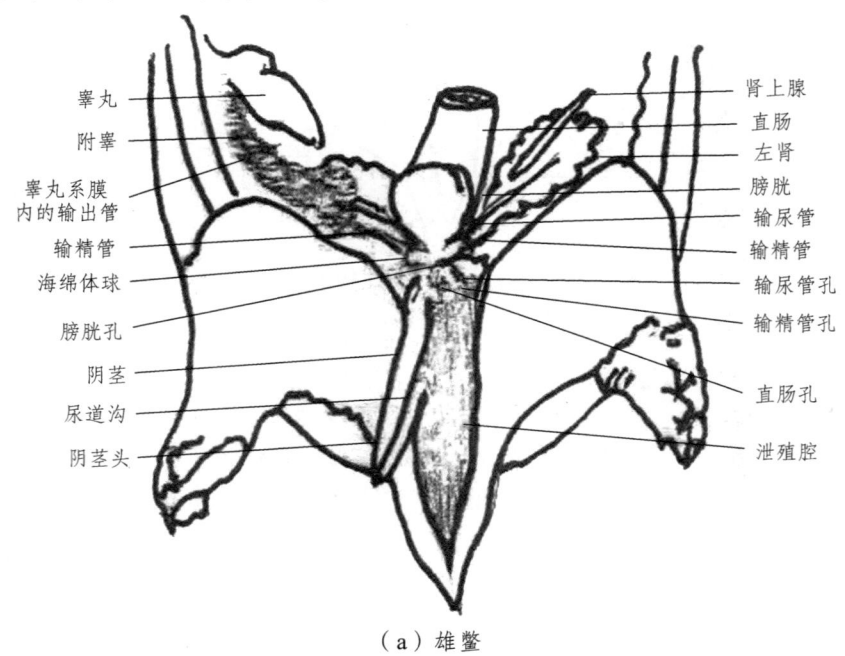

(a)雄鳖

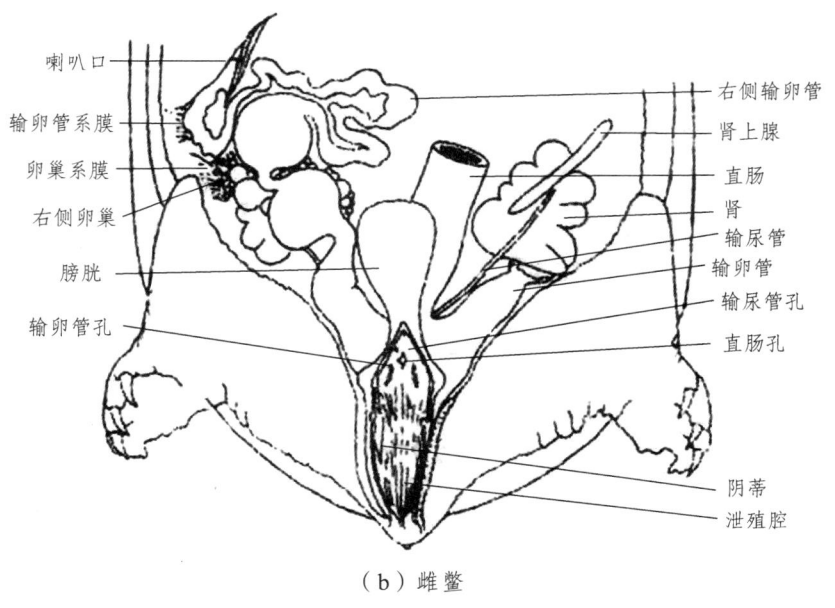

(b) 雌鳖

图 12.2　鳖的泌尿生殖系统

5. 神经系统

中华鳖的脑很小。从背面观察，可分为嗅叶、大脑半球、中脑、小脑和延脑等 5 部分。将脑从脑颅中提起，可见间脑腹面的脑漏斗和脑垂体。

四、示　范

（1）石龙子：属爬行纲蜥蜴目。体细长，被圆形细鳞。眼发达，具眼睑，颈部发达，尾长。

（2）壁虎：属爬行纲蜥蜴目。皮肤上具颗粒状角质鳞片，趾端具吸盘和爪。

（3）玉斑锦蛇：属爬行纲蛇目。无毒。头部鳞片大，排列整齐，身体上有 30 个以上镶黄边的黑色菱形斑。四肢退化。

（4）菜花烙铁头：属爬行纲蛇目。有毒。头部形如烙铁。上颚有一对毒牙，体草绿色，杂以黄色、红色及黑色斑点。

五、作　业

为什么说爬行动物是真正的陆生脊椎动物？从适应陆地生存与繁殖两方面加以论述。

实验13　鸽（或鸡）的形态与结构

一、目的要求

观察鸽（或鸡）的外形、内部结构和骨骼标本，认识鸟类的基本结构，总结鸟类适应飞翔生活的特征。

二、材料与用具

鸽（或鸡）、解剖刀、剪刀、镊子、玻璃管和鸽的骨骼标本等。

三、内容与方法

（一）外　形

家鸽或家鸡的身体分头、颈、躯干、四肢和尾部。头前有上下颌延伸而成的喙，上覆角质鞘。上喙的基部有裂缝状的外鼻孔。眼具上下眼睑及瞬膜，瞬膜在眼眶的前上角。耳位于眼的后下方，由外耳道形成，但为羽毛所掩盖。颈长易于弯曲，前肢特化为翼，后肢下端覆有角质鳞。尾短小，有尾脂腺。除喙及跗蹠外，全身被覆羽毛。羽毛分为正羽、绒羽和纤羽三种类型。着生羽毛的区域称羽区，不着生羽毛的区域称裸区。

（二）内部构造

可选择多种方法处死家鸽或家鸡：（1）一手握住双翼并紧压腋部，另一手以拇指和食指压住蜡膜，中指托住颏部，使鼻孔与口均闭塞，使其窒息而死；（2）一手攥紧双翼翅根，另一手将鸡的整个头部浸入水中，使其窒息而死；（3）用少量脱脂棉浸以乙醚或氯仿缠于嘴基部，使其麻醉而死。

将处死的家鸽或家鸡放在解剖盘内，用纱布浸湿腹部羽毛，然后用解剖刀沿胸骨的龙骨突起边缘切开皮肤，向前延伸切口至喙的末端，向后直至泄殖腔，使整个内部器官裸露。先看自然位置，然后依次观察各器官系统（图13.1）。

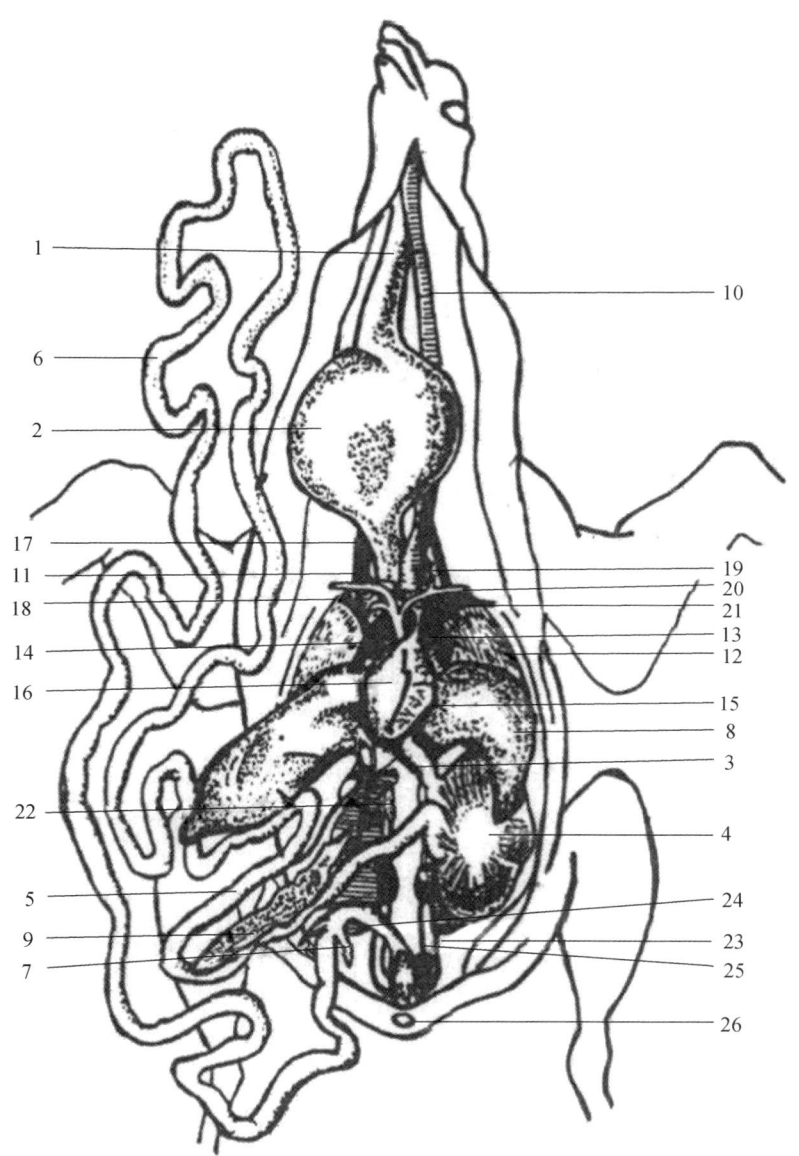

1—食道；2—嗉囊；3—腺胃；4—肌胃；5—十二指肠；6—小肠；7—盲肠；8—肝脏；9—胰；10—气管；11—支气管；12—肺；13—左心房；14—右心房；15—左心室；16—右心室；17—颈总动脉；18—静脉；19—颈静脉；20—臂动脉；21—胸静脉；22—睾丸；23—输精管；24—肾脏；25—输尿管；26—泄殖腔孔。

图 13.1　鸽的内部结构

1. 呼吸系统

剪开两侧嘴角，打开口腔，拉出舌头，在其后方中央的孔为喉门，喉门连接气管。气管位于颈部腹面皮肤下，由完整的软骨环组成。气管又分出2个短的支气管，连接到肺。气管将分成支气管的地方，形成一个膨大而扁薄的腔，称鸣管，是鸟类发声的器官。

将玻璃管从喉门插入并吹气，由于空气进入气囊，可见腹部上升。鸟肺位于胸腔内，为一红色海绵状结构，有气囊与之相通，故在飞翔时可进行鸟类特有的双重呼吸。

2. 循环系统

鸽靠胸骨背面有一薄的围心腔，剪开围心腔可见到壁厚的心室和壁薄的心房。依次观察从心脏发出的各条血管，然后剖开心脏，可见心脏为完全分隔的二心房二心室。

3. 消化系统

鸽的食道较长，后接膨大的嗉囊，下为腺胃，其后是肌肉质很厚的肌胃。肠依次为十二指肠、较长的小肠及短的大肠。在大肠与小肠之间有一对盲肠。由直肠开口于泄殖腔。十二指肠部有胰脏。肝脏分为左右两大叶，无胆囊（家鸡有胆囊）。在肝胃间系膜上有一紫红色、近椭圆形的脾脏。

4. 泄殖系统

除去消化系统，泄殖系统可见位于胸腔背面，有一对分成三叶、长扁平形的肾。输尿管由每一肾脏后行开口于泄殖腔中部，无膀胱。

雄性精巢1对，位于肾脏前端，由弯曲的输精管通入泄殖腔。

雌性仅左侧卵巢和左输卵管发育，右侧退化。卵巢位于肾脏前端，输卵管最前为漏斗状，以喇叭口通体腔，中接输卵管本部，较长且粗，下接短而细的峡部，后端为膨大的子宫，最后通入泄殖腔。

5. 神经系统

脑的体积大而结构紧凑，大脑半球、视叶和小脑均很发达，但嗅叶小。脑的弯曲明显。视叶由于大脑和小脑发达而移向两侧。小脑和大脑半球相接，其后部掩盖了延脑的大部分。小脑由蚓部和小脑卷构成，蚓部上有很多横沟。

6. 骨骼系统

参看鸽的骨骼标本（附图13.1）。鸟类的骨骼为气质骨，薄而轻。

脊椎可分为颈、胸、腰、荐和尾椎。颈椎的特点是活动性大，椎体呈马鞍形，第一和第二颈椎分别特化为环椎和枢椎。胸椎愈合，每一胸椎各具一条肋骨伸至胸骨。肋骨的背端各具钩状突，每一钩状突都压在后一条肋骨上，可使胸廓更加坚固。胸骨很大，且有龙骨突，上面附有发达的胸肌。最后一个胸椎和其后的腰椎、荐椎及前几个尾椎愈合成愈合荐椎。若干尾椎愈合成尾综骨。

头骨：骨片薄，成年时骨片愈合，骨缝消失。颅腔很大，与脑发达相关。

肩带：由肩胛骨、乌喙骨和锁骨构成。肩胛骨刀片状，位于胸廓背部。乌喙骨一端支持胸骨，另一端支持肱骨。两锁骨连成"V"形，称为叉骨，有弹性。

腰带：由髂骨、坐骨和耻骨构成。成鸟的腰带和愈合荐椎相愈合。耻骨细长棒状，位于坐骨后缘，两耻骨末端不愈合，形成开放式骨盆，与产大型卵有关。

前肢：包括肱骨、细长而直的桡骨和稍弯曲的尺骨。腕骨2块（桡腕骨和尺腕骨），其余腕骨与掌骨愈合为2块较长的腕掌骨。第2和第4指骨各只有1节，第3指骨为2节。前肢各骨骼间有能动的关节，但只能向一个方向运动，即在水平面上折翅或展翅。

后肢：由股骨、胫跗骨、腓骨（只有一点残迹）、跗跖骨和趾骨构成。跗骨的近端与胫骨愈合成胫跗骨，其远端与跖骨愈合成跗跖骨。下有四趾，一般大趾向后。

四、作　业

（1）简述鸟类气囊的基本功能。
（2）总结鸟类适应飞翔生活的形态结构特点。

实验 14　鸟纲分类

一、目的要求

学习鸟类分类的基本方法，了解现代鸟类的主要类群及其特征。

二、材料与用具

鸟类标本、游标卡尺、卷尺和放大镜等。

三、内容与方法

（一）外部形态（图 14.1）

1. 头　部

上面：自前向后可分额、头顶和枕部。

侧面：眼先（在嘴角之后和眼的前方）、围眼（眼周围区）、颊（眼下与喉上区）与耳羽（覆于耳孔外的羽毛）。

下面：颏（有时包括颐的一部分）。

2. 颈　部

上面：后颈，或分为上颈与下颈。

侧面：颈侧。

下面：喉，包括颐（即上喉）与下喉。

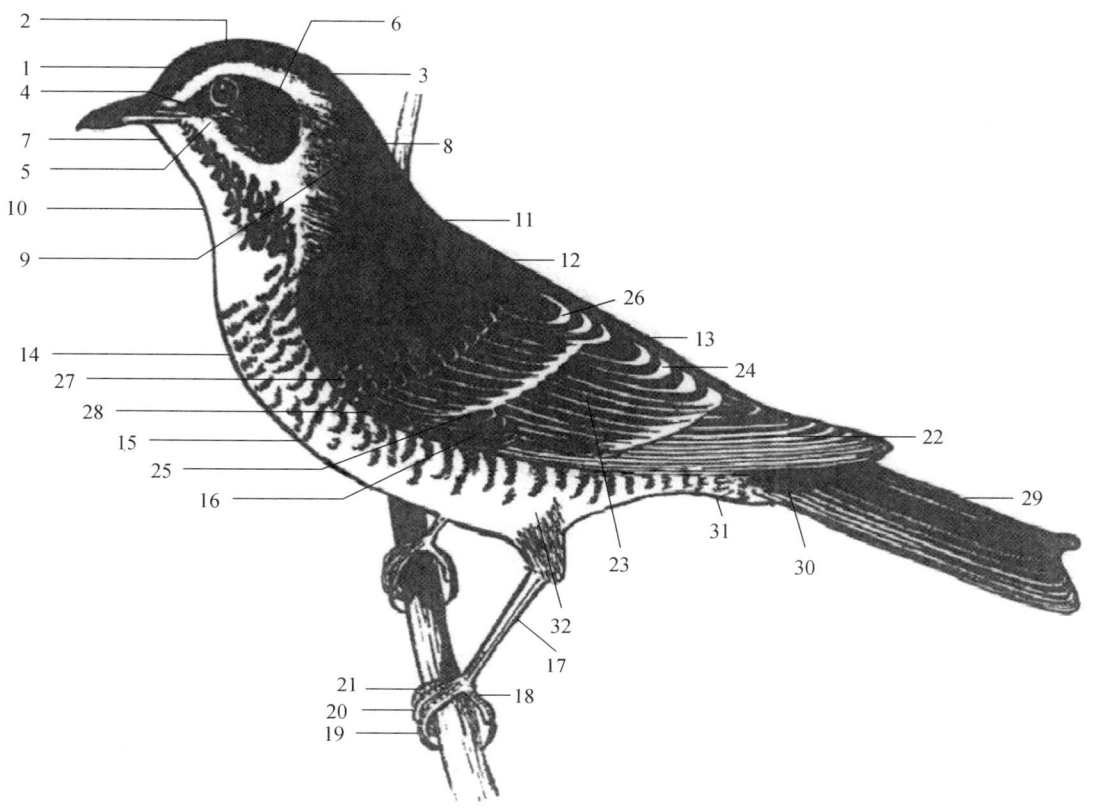

1—额；2—头顶；3—枕部；4—眼先；5—颊；6—耳羽；7—颏；8—后颈；9—颈侧；10—喉；11—肩；12—背；
13—腰；14—胸；15—腹；16—胁；17—跗蹠；18—后趾；19—外趾；20—中趾；21—内趾；
22—初级飞羽；23—次级飞羽；24—三级飞羽；25—初级覆羽；26—大覆羽；
27—中覆羽；28—小翼羽；29—尾羽；30—尾上覆羽；
31—尾下覆羽；32—腿覆羽。

图 14.1　鸟体外形

3. 躯　干

上面：背与腰。背分上背（即肩间部）与下背。

侧面：胸侧，胁。

下面：胸（包括上胸与下胸）、腹和肛周。

4. 翼

按羽毛着生部位，可分为以下几种（图 14.2）。

飞羽：初级飞羽的着生处相当于掌指的部位，次级飞羽着生的部位相当于尺骨后缘，三级飞羽着生于肱骨处。

上覆羽：位于两翼背侧表面的羽毛，根据与不同飞羽相对应的位置，可分为初级覆羽和次级覆羽。

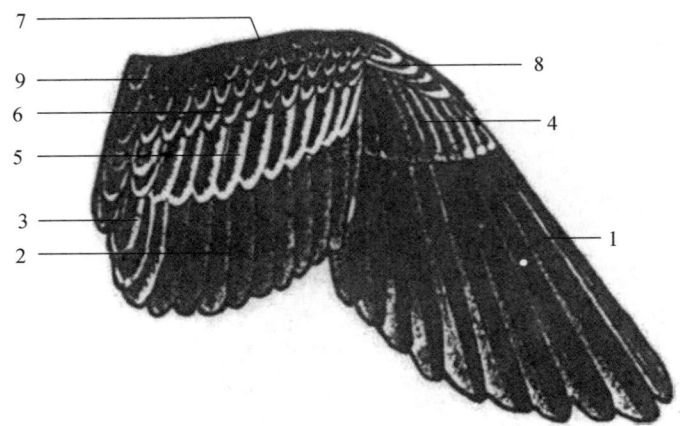

1—初级飞羽；2—次级飞羽；3—三级飞羽；4—初级覆羽；5—大覆羽；
6—中覆羽；7—小覆羽；8—小翼羽；9—肩羽。

图 14.2　鸟翼上的各种羽

下覆羽：位于两翼腹侧的表面。
小翼羽：位于初级覆羽的上面，附着于第一指骨上，即近翼角处的丛羽。
腋羽：位于翼基部的下方。

5．脚

分股、胫、跗蹠及趾等部。鸟趾与鸟蹼的各种类型如图 14.3 和图 14.4。

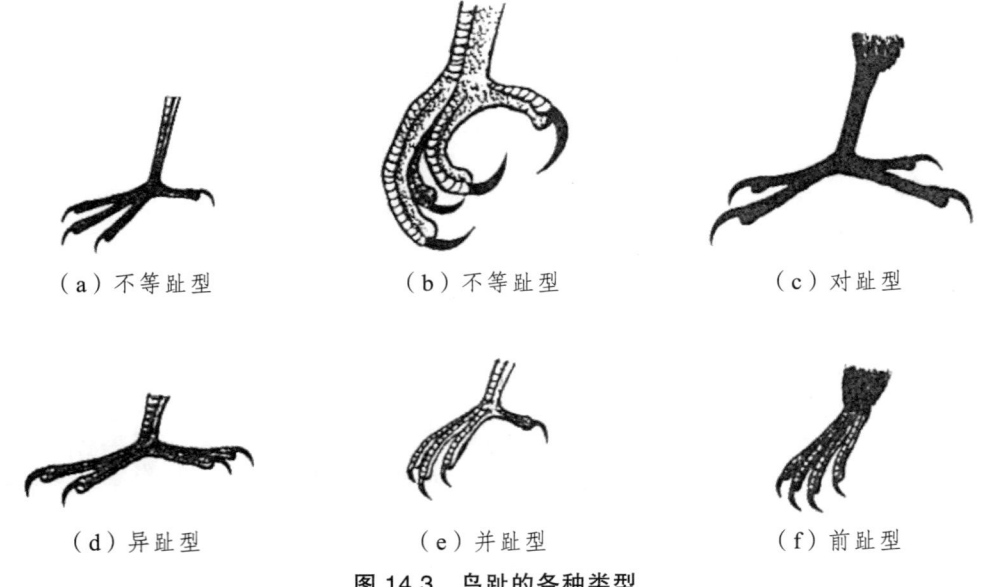

（a）不等趾型　　（b）不等趾型　　（c）对趾型

（d）异趾型　　（e）并趾型　　（f）前趾型

图 14.3　鸟趾的各种类型

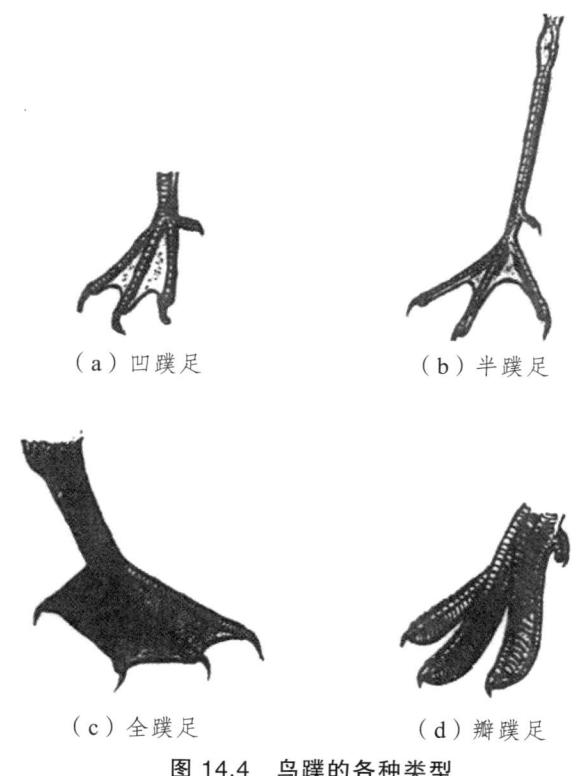

图 14.4　鸟蹼的各种类型

6. 尾

包括 1 对中央尾羽、外侧尾羽、尾上覆羽及尾下覆羽。鸟尾的各种类型如图 14.5。

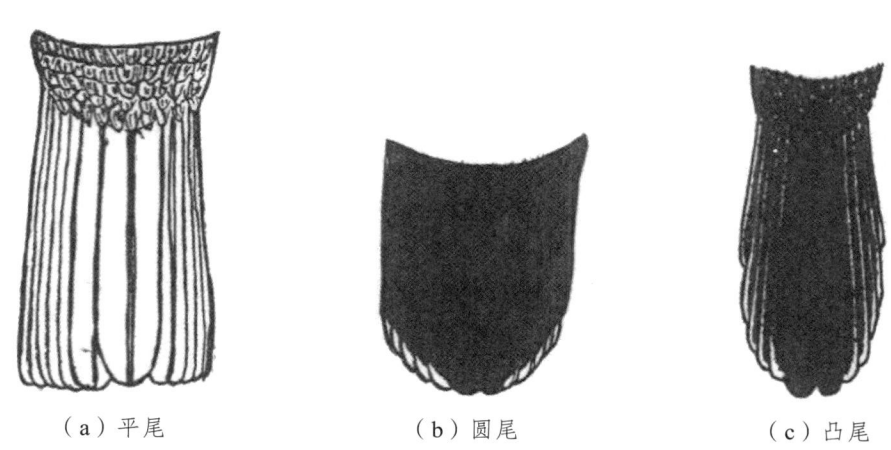

（d）楔尾　　　（e）尖尾　　　（f）凹尾

（g）叉尾　　　（h）铗尾

图 14.5　鸟尾的各种类型

（二）量度说明

在分类研究上比较常用的量度有下列各项（图 14.6）。

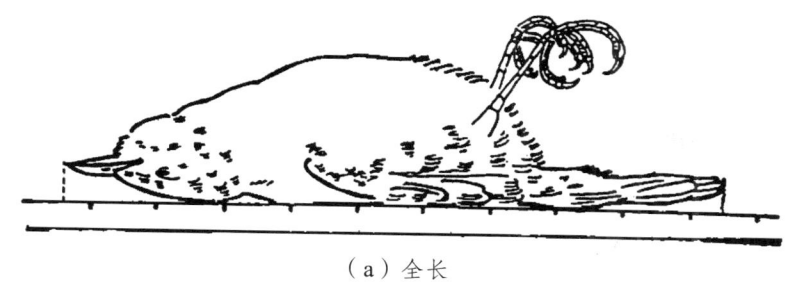

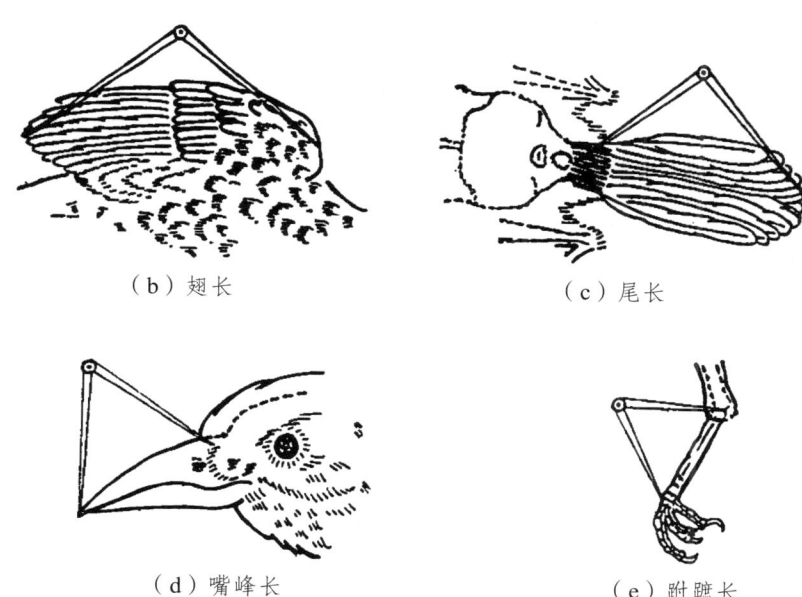

(a) 全长   (b) 翅长   (c) 尾长   (d) 嘴峰长   (e) 跗蹠长

图 14.6   鸟体测量法

（1）全长——自嘴端至尾端的长度。此项量度应在采得标本后未剥制前进行。
（2）翅长——自翼角（即腕关节）至最长飞羽先端的直线距离。
（3）尾长——自尾基部至最长尾羽尖端的直线距离。
（4）嘴峰长——自嘴基着生羽毛处至上嘴先端的直线距离。
（5）跗蹠长——自胫骨与跗蹠关节后面的中点，至跗蹠与中趾关节前面最下方整片鳞的下缘的直线距离。

其他如趾长、爪长等，如有需要也应加以测定。

（三）分目检索

分目检索表

（1）脚适于游泳，蹼较发达 ·· 2
　　脚适于步行，蹼不发达或无 ·· 5

（2）四趾间均具蹼 ·· 鹈形目（Pelecaniformes）
　　仅前三趾间具蹼 ··· 3
（3）嘴通常平扁，先端具嘴甲；雄性具交接器 ······················ 雁形目（Anseriformes）
　　嘴不平扁，雄性不具交接器 ·· 4
（4）前三趾间具蹼，翅尖长，尾羽正常发达 ··························· 鸥形目（Lariformes）
　　前趾各具瓣蹼，翅短圆，尾羽很短 ··························· 䴙䴘目（Podicipediformes）
（5）颈和脚均较长，胫的下部裸出，蹼不发达 ·· 6
　　颈和脚均较短，胫全被羽，无蹼 ·· 8
（6）眼先裸出；后趾发达，与前趾同在一平面上 ····················· 鹳形目（Ciconiiformes）
　　眼先常被羽；后趾不发达或完全退化，存在时位置也较前三趾稍高 ························· 7
（7）翅大都短圆，第一枚初级飞羽比第二枚短；眼先被羽或裸出；趾间无蹼，
　　有时具瓣蹼 ·· 鹤形目（Gruiformes）
　　翅形尖，或长或短，第一枚初级飞羽比第二枚长或等长（麦鸡或鸽属例外）；
　　眼先被羽；趾间蹼不发达或缺 ·· 鸻形目（Charadriiformes）
（8）嘴爪均特强锐而弯曲，嘴基具蜡膜 ··· 9
　　嘴爪平直或仅稍曲，嘴基不具蜡膜（鸽形目例外） ··· 11
（9）足呈对趾型（第2、3趾向前，1、4趾向后），舌厚肉质
　　 ·· 鹦形目（Psittaciformes）
　　足不呈对趾型，舌正常 ·· 10
（10）蜡膜被硬须掩盖，两眼向前，外趾能反转 ······················ 鸮形目（Strigiformes）
　　　蜡膜裸出，两眼侧位，外趾不能反转（鹗属例外）
　　 ·· 隼形目（Falconiformes）
（11）3趾向前，1趾向后（后趾有时无）；各趾彼此分离（少数例外） ························ 12
　　　趾不具上述特征 ·· 14
（12）嘴基柔软，被以蜡膜；嘴端膨大而具角质（沙鸡或鸽除外）
　　 ··· 鸽形目（Columbiformes）
　　　嘴基无蜡膜，嘴全被角质 ·· 13
（13）后爪不比其他趾的爪长，雄性常具距 ···················· 鸡或鹑形目（Galliformes）
　　　后爪比其他趾的爪长，无距 ··· 雀形目（Passeriformes）
（14）足大都呈前趾型（4趾均向前），嘴短阔而平扁，无嘴须
　　 ··· 雨燕目（Apodiformes）
　　　足不呈前趾型，嘴强而不平扁（夜鹰目例外），常具嘴须 ··································· 15
（15）足呈异趾型（第3、4趾向前，1、2趾向后） ················ 咬鹃目（Trogoniformes）
　　　足不呈异趾型 ··· 16
（16）足呈对趾型 ·· 17
　　　足不呈对趾型 ··· 18

（17）嘴强直呈凿状，尾羽通常坚挺而尖出 ······················· 鴷形目（Piciformes）
　　　 嘴端稍曲，不呈凿状，尾羽正常 ····························· 鹃形目（Cuculiformes）
（18）嘴短阔，鼻通常呈管状，中爪具栉缘 ····················· 夜鹰目（Caprimulgiformes）
　　　 嘴长或强直，或细而稍曲；鼻不呈管状，中爪无栉缘
　　　 ··· 佛法僧目（Coraciiformes）

（四）分目简介

1. 䴙䴘目（Podecipediformes）

体形中等大。趾具分离的瓣蹼，后肢极度靠后，羽衣松软，尾羽短。是善于游泳及潜水的游禽。包括以下种类：

小䴙䴘（*Podiceps ruficollis*）：体羽灰褐色，后肢位于身体后部，具瓣蹼。

2. 鹈形目（Pelecaniformes）

较大型的鸟类，善游。四趾间具全蹼；嘴强大具钩，喉部具发达的喉囊；是善飞的食鱼游禽。包括以下种类：

（1）斑嘴鹈鹕（*Pelecanus roseus*）：体形很大，嘴平扁，喉囊大，直达嘴的全长。
（2）鸬鹚（*Phalacrocorax carbo*）：全身黑色，肩和翼具青铜色光泽。繁殖时期，头颈部杂有白色。

3. 鹳形目（Ciconiiformes）

大中型涉禽。颈、嘴及腿均很长；趾细长，4 趾在同一平面上（鹤类的后趾高于前 3 趾），趾基部有蹼相连（鹤类不具蹼）；眼先裸出。包括以下种类：

灰鹭（*Ardea cinerea*）：又名苍鹭，俗称"老等"，较大型的鸟类。头颈白色，冠羽黑色，上体灰色，下体白色，但颈下部和胁部有黑色；胫的裸出部分比后趾长（不包括爪）。

4. 雁形目（Anseriformes）

大中型游禽。嘴扁，边缘有栉状突起（可滤食），嘴端具嘴甲；前 3 趾具蹼；翼上常有绿色、紫色或白色的翼镜。包括以下种类：

（1）绿头鸭（*Anas platyrhynchos*）：雌雄异色。雄鸭头颈黑绿色，有金属光泽，颈上部有白环；胸部栗色，翼镜紫色，上下有白边，体羽大体灰褐色；雌鸭棕褐色。
（2）豆雁（*Anser fabalis*）：上体褐色，羽毛大多具有浅色羽缘，尾上覆羽部分白色，下体白色；嘴黑色，近先端有一黄斑，嘴比头短。
（3）天鹅（*Cygnus cygnus*）：体大，遍体洁白，嘴大都黑色，从眼先至嘴基部淡黄色。

5. 隼形目（Falconiformes）

猛禽，昼间活动。嘴弯曲，先端具利钩，便于捕食。脚强健有力，尖端有锐爪，为捕食

利器。飞翔力强，视力敏锐。雌鸟比雄鸟体大。包括以下种类：

（1）红脚隼（*Falco vespertinus*）：小型猛禽。雄鸟背羽灰色，翼下覆羽白色，腿脚红色；雌鸟稍大，下体多斑纹，腿脚黄色。

（2）鸢（*Milvus korschun*）：全身大都暗褐，翼下各具一白斑，高翔时更明显，尾羽呈叉状。

6. 鸡形目（Galliformes）

适于陆栖步行，脚健壮，爪强钝，便于掘土觅食，雄性有距。上嘴弓形，利于啄食。翼短圆，不善飞翔。雄性色艳，雌雄易辨。包括以下种类：

（1）雉（*Phasianus colchicus*）：又名环颈雉。雄鸟具有鲜明的紫绿色颈部，且有显著的白环纹，尾羽长，具横纹。雌鸟羽色不鲜艳，不具绿颈及白环纹，背面为灰色、栗紫和黑色相杂，尾羽较短。

7. 鹤形目（Gruiformes）

后趾退化，如具后趾，则后趾高于前3趾，不在同一平面上；蹼大多退化，眼先大多被羽。包括以下种类：

丹顶鹤（*Grus japonenesis*）：身体高大，体羽大部为白色；头顶皮肤裸露，呈朱红色，似肉冠状，故称丹顶鹤。

8. 鸻形目（Charadriiformes）

多属中小型涉禽。体多为沙土色，有保护色作用；翅尖，善飞；趾间蹼不发达或消失。包括以下种类：

（1）金眶鸻（*Charadrius dubius*）：小型涉禽。无后趾；嘴基、前头、眼先、眼下缘到耳区、前胸上背等处具黑色环带。

（2）白腰草鹬（*Tringu ochropus*）：小型涉禽。前头、头顶、后颈、背和肩呈橄榄褐色，有古铜色光泽；肩和背具白斑，体其他部分羽色大都为黑褐色，也具白斑。

9. 鸥形目（Lariformes）

身体大多呈银灰色。前3趾间具蹼；翅尖长，尾羽发达。海洋性鸟类，其习性介于游禽和涉禽之间。包括以下种类：

银鸥（*Larus argentatus*）：体大，羽呈灰色，下体大都为白色。

10. 鸽形目（Columbiformes）

陆禽。嘴短，基部大多柔软，鼻孔被以蜡膜。腿、脚红色，4趾位于同一平面上。包括以下种类：

（1）沙鸡（*Syrrhaptes paradoxus*）：嘴呈蓝灰色；体为沙灰色，背部杂以黑色黄斑，腹部具黑斑；翼与尾均尖；跗蹠和趾密被短羽，爪黑。

（2）原鸽（*Columba livia*）：为家鸽祖先。头、颈、胸和上背为石板灰色；颈部有金属绿或紫色闪光；尾部具白色横斑。

（3）珠颈斑鸠（*Streptopelia chinensis*）：雌雄体色相似。前头灰色，后颈有明显的珠状斑，上体褐色，下体粉红色，外侧尾羽先端白色。

11. 鹦形目（Psittaciformes）

第4趾向后转（对趾型），攀禽；嘴基具蜡膜，端具利钩。包括以下种类：

虎皮鹦鹉（*Melapsittacns undulutus*）：形小，羽色有黄、绿、蓝和白等色。

12. 鹃形目（Cuculiformes）

对趾型，攀禽。外形似隼，但嘴不具钩。包括以下种类：

大杜鹃（*Cuculus canorus*）：翼较长，翼缘白，具褐色横斑；腹部横斑较细。

13. 鸮形目（Strigiformes）

足呈对趾型，夜行性猛禽。眼大都向前，多数具面盘；嘴、爪坚强弯曲。耳孔大且具耳羽，羽毛柔软，飞行无声。包括以下种类：

长耳鸮（*Asio otus*）：耳羽长而显著；腹羽杂有横斑纹。

14. 夜鹰目（Caprimulgiformes）

前趾基部并合，称并趾型，夜行性攀禽。中趾爪具栉状缘，羽毛柔软，飞行无声；口宽阔，边缘具成排的硬毛状咀须。体色与树干色同。包括以下种类：

夜鹰（*Caprimulgus indiaus*）：嘴短阔，最外侧尾羽具白斑。

15. 雨燕目（Apodiformes）

后趾向前转，称为前趾型，小型攀禽。嘴短阔而平扁，无口须；翼尖，善飞翔。包括以下种类：

楼燕（*Apus apus*）：又名北京雨燕。比常见的家燕体形稍大，羽毛黑褐色，胸腹部有白色细纵纹。是著名的食虫益鸟。

16. 佛法僧目（Coraciiformes）

足呈并趾型，中小型攀禽。嘴长而直，有些种类的嘴弯曲。包括以下种类：

（1）翠鸟（*Alcedo atthis*）：小型鸟。嘴长而直，翼短而圆，体为翠蓝色。食鱼鸟类。

（2）戴胜（*Upupa epops*）：嘴细长，向下曲弯；具扇形冠羽。

17. 鴷形目（Piciformes）

足呈对趾型，中小型攀禽。嘴长而直，形似凿，尾羽轴坚硬而富有弹性。包括以下种类：

绿啄木鸟（*Dendrocopos major*）：上体背面黑色，带有白色斑点，腹部褐色，尾基腹面红色；雄体头后红色。

18. 雀形目（Passeriformes）

为种类最多的一个目。鸣管、鸣肌发达，善鸣叫，故又称鸣禽类。足趾3前1后，为离趾型。跗蹠后缘鳞片多愈合为一块完整的鳞，称为靴状鳞。

我国常见的雀形目鸟类约有30科，检视以下常见种类：

（1）百灵（*Melanocorypha mongolica*）：翼长而尖，跗蹠后缘覆以横列的盾状鳞。后爪长而稍直。

（2）家燕（*Hirundo rustica*）：背羽黑色，具光泽。喉栗红色，腹部乳白色。尾长而分叉深。

（3）红尾伯劳（*Lanius cristatus*）：喙似鹰嘴；头顶部淡灰色，贯眼纹黑色，眉纹白；尾羽棕褐色。

（4）黄鹂（*Oriolus chinensis*）：全身体羽金黄色。头上有一道宽阔黑纹，翼和尾大都黑色。

（5）八哥（*Acridootheres cristatellus*）：全体羽毛黑色，有光泽。翼上的白色横斑飞翔时如"八"字。

（6）秃鼻乌鸦（*Corvus frugilegus*）：体羽全部为黑色且具光泽，成鸟嘴基部无须。

（7）喜鹊（*Pica pica*）：肩羽和两肋及腹部白色，其余体羽大部黑色而有光泽。

（8）寿带（*Terpsiphone paradisi*）：体分栗型和白型两种。前者头蓝黑色，上体自头以下为深栗红色。

（9）斑鸫（*Turdus naumanni*）：上体为棕栗色，腹部白色，眉纹棕白色。

（10）黄腰柳莺（*Phylloscopus proregulus*）：体橄榄绿色，头顶中央有淡黄色冠纹。腰羽黄色，形成宽阔的腰带。

（11）画眉（*Garrulax canorus*）：眼圈白色，向后延伸成白色眉状。上体几乎是橄榄褐色。为著名笼养鸟。

（12）大山雀（*Parus major*）：头黑色，颊白色，故名白脸山雀。腹面白色，中央贯以显著的黑色纵纹。

（13）麻雀（*Passer montanus*）：头顶栗褐色，颊部有黑斑；背面黄褐色，有黑色纵纹；喉黑色。

四、作　业

编制绿头鸭、苍鹭、鸢、长耳鸮、环颈雉、珠颈斑鸠、大杜鹃、戴胜、绿啄木鸟、麻雀和画眉等鸟类的分类检索表。

实验 15　家兔的形态与结构

一、目的要求

观察家兔外部形态和内部结构，认识哺乳动物的基本结构。

二、材料和用具

家兔、解剖盘、剪刀、镊子、纱布和兔的骨骼标本等。

三、内容与方法

（一）外　形

家兔全身被毛。毛分为针毛、绒毛和触毛三种类型。身体分头、颈、躯干、四肢和尾 5 部分。有肉质上、下唇，上唇中有裂缝。具上下眼睑。鼻孔斜裂。躯干长，尾短。雌兔腹面可见 4~5 对乳头；雄兔在肛门前有皮肤包被的阴茎。前肢短、5 趾，后肢长、4 趾，各趾端均具爪。

（二）内部解剖

家兔一般采用空气栓塞法处死。在兔耳外缘静脉远端进针处剪毛，用酒精棉球消毒并使血管扩张。用左手食指和中指夹住耳缘静脉近心端，使其充血，并用左手拇指和无名指固定兔耳。右手持注射器（针筒内已抽有 10~20 mL 空气）将针头平行刺入静脉，刺入后再将左手食指和中指移至针头处，协同拇指将针头固定于静脉内。右手推进针栓，徐徐注入空气。若针头在静脉内，可见随着空气的注入，血管由暗红变白；如注射阻力大或血管未变色或局部组织肿胀，表明针头未刺入血管，应拔出重新刺入。注射毕，抽出针头，用棉球按压进针处。随着空气的注入，兔经一阵挣扎后，瞳孔放大，全身松弛而死。

将已处死的兔仰置于解剖盘中，用纱布蘸水润湿腹正中线上的毛，然后自生殖孔稍前方处开口，提起皮肤，沿腹中线自后向前把皮肤纵行剪开，直至颌底为止。雌兔皮肤内表面可见乳腺。用左手持镊子夹起肌肉，右手用剪刀从后向前剪开肌肉，并打开胸腔，剪断肋骨观察内部结构（图 15.1）。

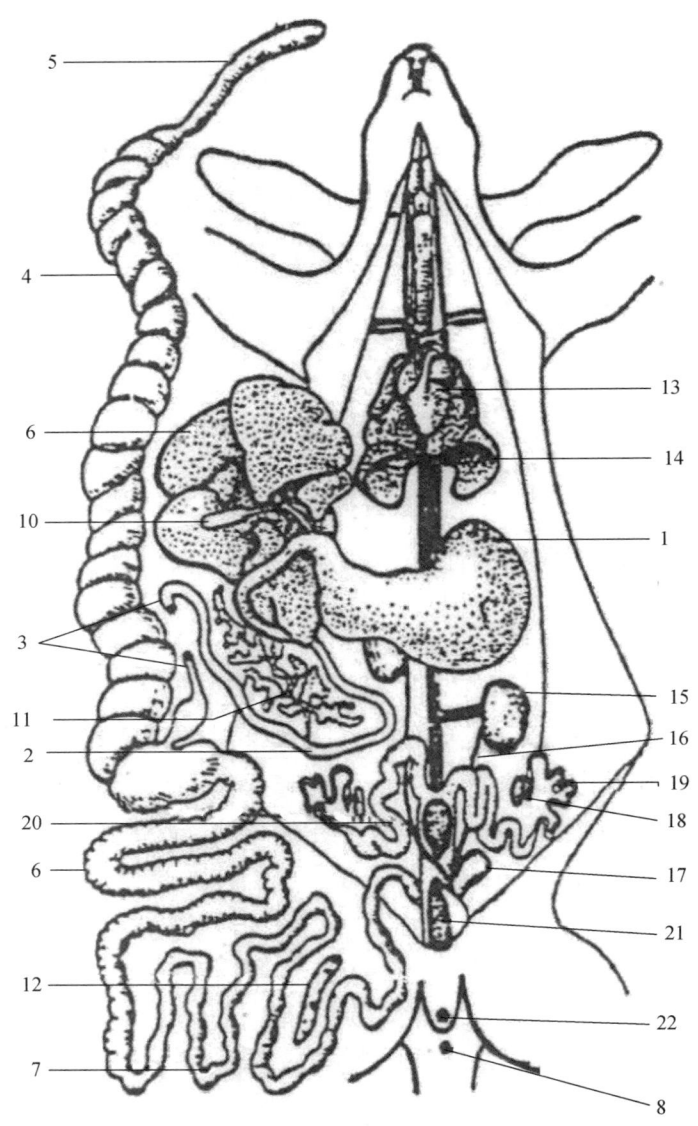

1—胃；2—十二指肠；3—小肠；4—盲肠；5—蚓突；6—大肠；7—直肠；8—肛门；
9—肝脏；10—胆囊；11—胰；12—脾；13—心脏；14—肺；15—肾脏；
16—输尿管；17—膀胱；18—卵巢；19—输卵管；
20—子宫；21—尿泄窦；22—尿泄孔。

图 15.1　雌兔的内部结构

1. 消化系统

剪开口角。在口腔内有齿和舌。食道长，位于气管背面，由咽部后行伸入胸腔，穿过横膈膜进入腹腔与胃连接。胃为一扩大的囊，一部分为肝脏所遮盖。食管开口于胃的中部。胃与食管相连处为贲门，与十二指肠相连处为幽门。胃分为两部分，左侧胃壁薄而透明，呈灰白色，黏膜上有黏液腺；右侧胃壁的肌肉质较厚，且有较多的血管，故呈红灰色，黏膜上有纵行的棱和能分泌胃液的腺体。肠管的前端细而盘旋的部分为小肠，后段为大肠。小肠又分为十二指肠、空肠和回肠；大肠则分结肠和直肠。十二指肠在胃的幽门之后，弯折并向右行，接近肝脏的一侧有总肝管注入。在其对侧有胰管注入。空肠和回肠在外观上没有明显的界线。十二指肠后端为空肠，再后为回肠。盲肠是介于小肠和大肠交界处的盲囊。草食性动物的盲肠较发达，肉食性动物则退化。结肠的肠管上有由纵行的肌肉纤维形成的结肠带，将肠管紧缩成环结状，故名结肠。结肠又分为升结肠、横结肠和降结肠3段，按其自然位置即可区别。大肠的最后端为很短的直肠，直肠开口于肛门。

肝脏为体内最大的消化腺体，位于腹腔的前部，呈深红色。分为6叶，即左外叶、左中叶、右中叶、右外叶、方形叶和尾形叶。在尾形叶与右外叶之间有动脉、静脉、神经和淋巴管的通路，称为肝门。兔的胆囊位于肝的右中叶背侧，胆汁沿胆管进入十二指肠。胰脏分散于十二指肠的系膜上，是一种多分支的淡黄色腺体，有1条胰腺管开口于十二指肠。

2. 呼吸系统

喉位于口腔深处。喉头为一软骨构成的腔，喉头顶端有一很大的开口即声门。喉头的背缘有会厌，会厌的背面为食管的开口。喉头腹面的大型盾状软骨为甲状软骨，其后方为围绕喉部的环状软骨。环状软骨的背面较宽，其上有1对小的突起，为勺状软骨。喉头腔内壁上的褶状物为声带。由喉头向后延伸的气管，管壁由许多软骨环支持，软骨环的背面不完整，紧贴着食管。在环状软骨的两侧各有一扁平椭圆形的腺体，为甲状腺。气管进入胸腔后，分2支入肺。每支与肺的基部相连。肺为海绵状器官，位于心脏两侧的胸腔内。

3. 循环系统

心脏位于左右两肺间，略偏左，外被围心膜。剪破围心膜，露出心脏。自左心室有左体动脉弓发出，静脉血管则通向两心房。脾脏深红色，长条形，位于胃的下方。

4. 尿殖系统

（1）排泄系统。

肾脏为紫红色的豆状结构，位于腹腔背面，以系膜紧紧地连接在体壁上。由白色的输尿管通膀胱，膀胱通至尿道，然后开口于体外。每个肾脏前方内侧，各有1个略呈黄色的肾上腺（内分泌腺）。

（2）生殖系统。

① 雄性：睾丸为 1 对白色的卵圆形器官。在繁殖期下降到阴囊中，非繁殖期则缩入腹腔内。阴囊以鼠蹊管通腹腔。睾丸端部的盘旋管状构造为附睾，由附睾伸出白色的输精管。输精管经膀胱后面进入阴茎而通体外。在输精管与膀胱交界处的腹面，有 1 对鸡冠状的精囊腺。

② 雌性：卵巢为肾脏上方紫黄色带有颗粒状突起的腺体。卵巢外侧各有 1 条细的输卵管，输卵管借端部的喇叭口开口于腹腔。输卵管下端膨大部分为子宫，两侧子宫结合成"V"字形，经阴道开口于体外。

5. 神经系统

大脑半球占全脑的大部分，其表面光滑，无沟回。大脑之后为小脑，分 3 部，中间为小脑蚓部，两侧为小脑侧叶。间脑及一部分中脑被大脑半球所掩盖。

6. 骨骼系统

参看兔的骨骼标本（附图 15.1）。头骨腔大，下颌骨直接与头骨相关节。第 1 枚颈椎以 2 个关节窝与头骨的 1 对枕髁相关节。脊椎骨可分为颈椎、胸椎、腰椎、荐椎和尾椎 5 部分。胸部的椎骨、肋骨和胸骨形成胸廓。

四、作　业

（1）哺乳动物在骨骼系统上有哪些适应陆地快速运动的特征？
（2）与爬行动物相比，哺乳动物在消化、排泄、生殖和循环系统方面有哪些进步？

实验 16　哺乳纲分类

一、目的要求

（1）了解哺乳纲重要目的分类特征。
（2）认识常见的及有经济价值的兽类。

二、材料与用具

兽类标本、游标卡尺、卷尺和放大镜等。

三、内容与方法

（一）外形名称

兽类典型外形如图 16.1 所示。

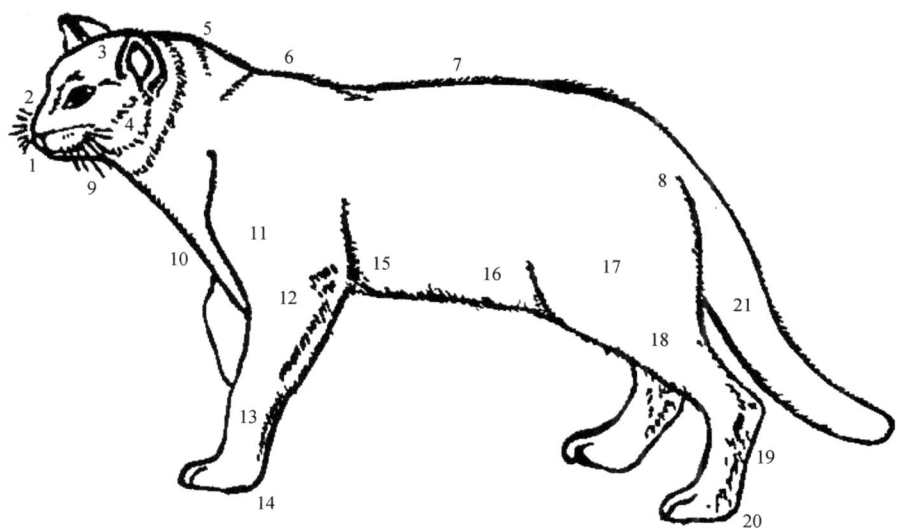

1—鼻垫；2—吻；3—额；4—颊；5—颈；6—肩（肩胛）；7—背腰；8—臀；9—颏；
10—前胸；11—上臂；12—前臂；13—腕；14—前足；15—胸；16—腹；
17—股；18—胫；19—跗；20—后足；21—尾。

图 16.1　兽类的外形

（二）头骨名称

兽类头骨结构如图 16.2 所示。

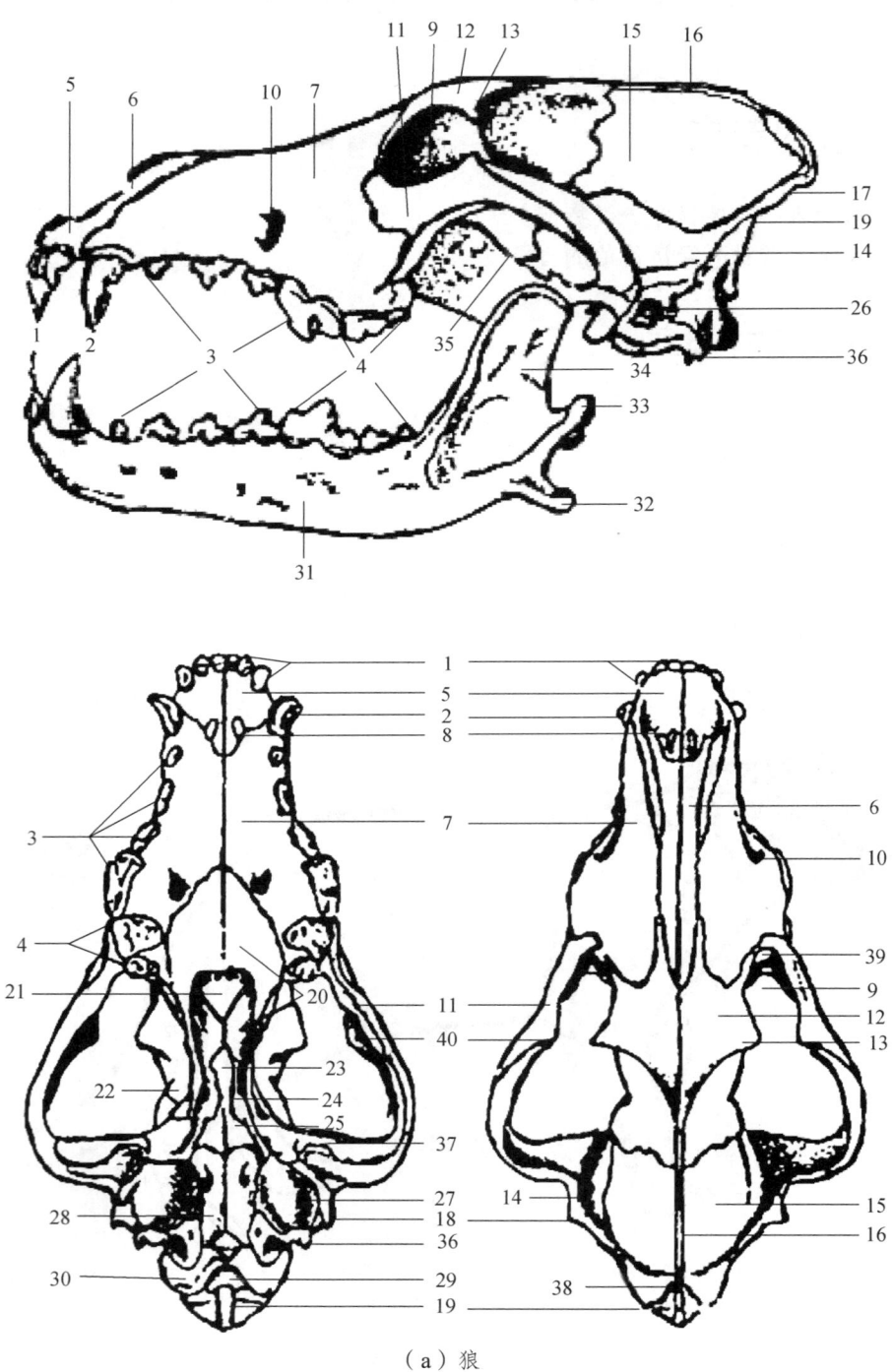

（a）狼

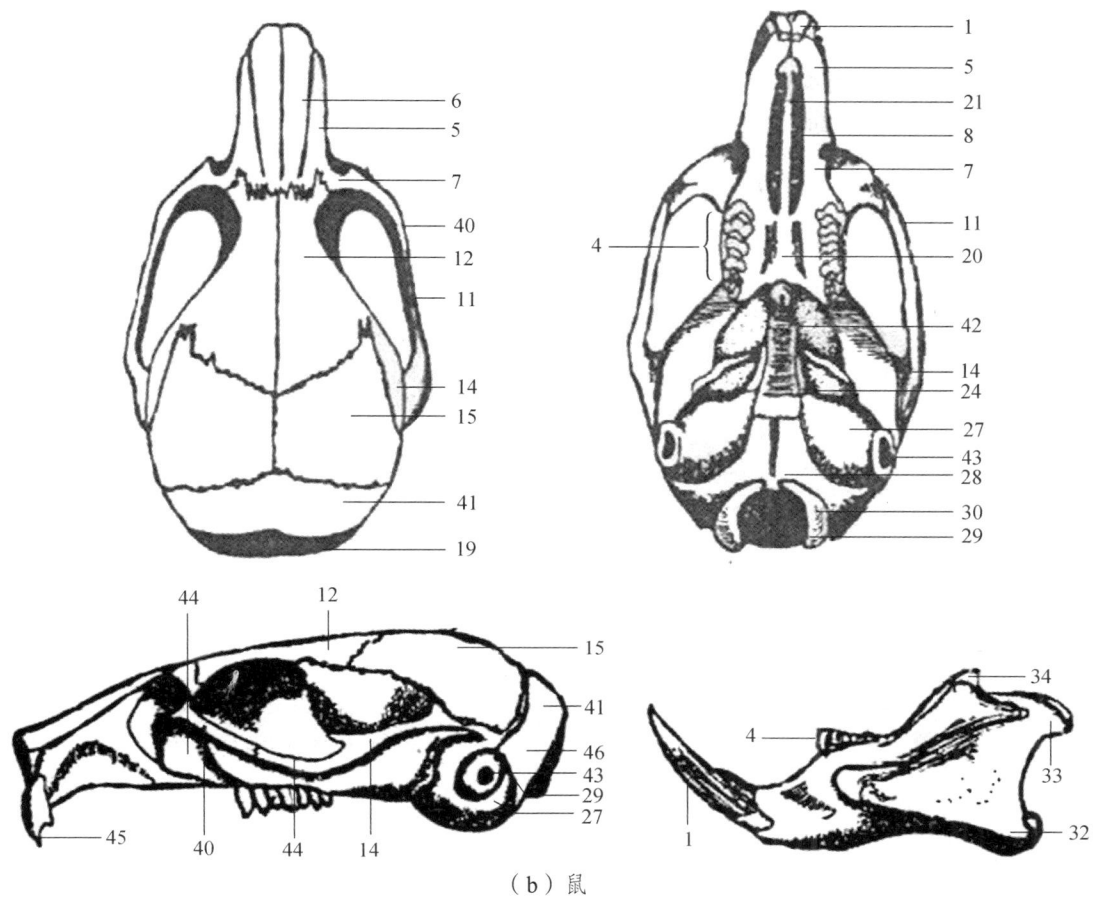

1—门齿；2—犬齿；3—前白齿；4—白齿；5—前颌骨；6—鼻骨；7—上颌骨；8—门齿孔；9—眼窝；10—眶前孔（眶下孔）；11—颧骨；12—额骨；13—眶后突；14—鳞骨；15—顶骨；16—矢状脊；17—人字脊；18—乳突（乳状突）；19—枕骨；20—颚骨；21—犁骨（锄骨）；22—翼骨突；23—前蝶骨；24—翼骨；25—基蝶骨；26—外耳孔；27—听泡鼓室（听泡）；28—基枕骨；29—枕大孔；30—枕骨髁；31—下颌骨；32—角突；33—颌关节突；34—冠状突（喙状突）；35—视神经孔；36—副乳突；37—颌关节窝；38—顶间骨；39—泪骨；40—颧骨突；41—间顶骨；42—中翼骨窝；43—听孔；44—颧板；45—门齿缺刻；46—侧枕骨。

图 16.2　兽类头骨各部位名称

（三）外形及头骨测量

1. 外形量度（图 16.3）

体重：兽体的全重，小型兽以 g 为单位，大型兽以 kg 为单位。
体长：从吻端至肛门或尾基部的长度，小型兽以 mm 为单位，大中型兽以 cm 或 m 为单位。

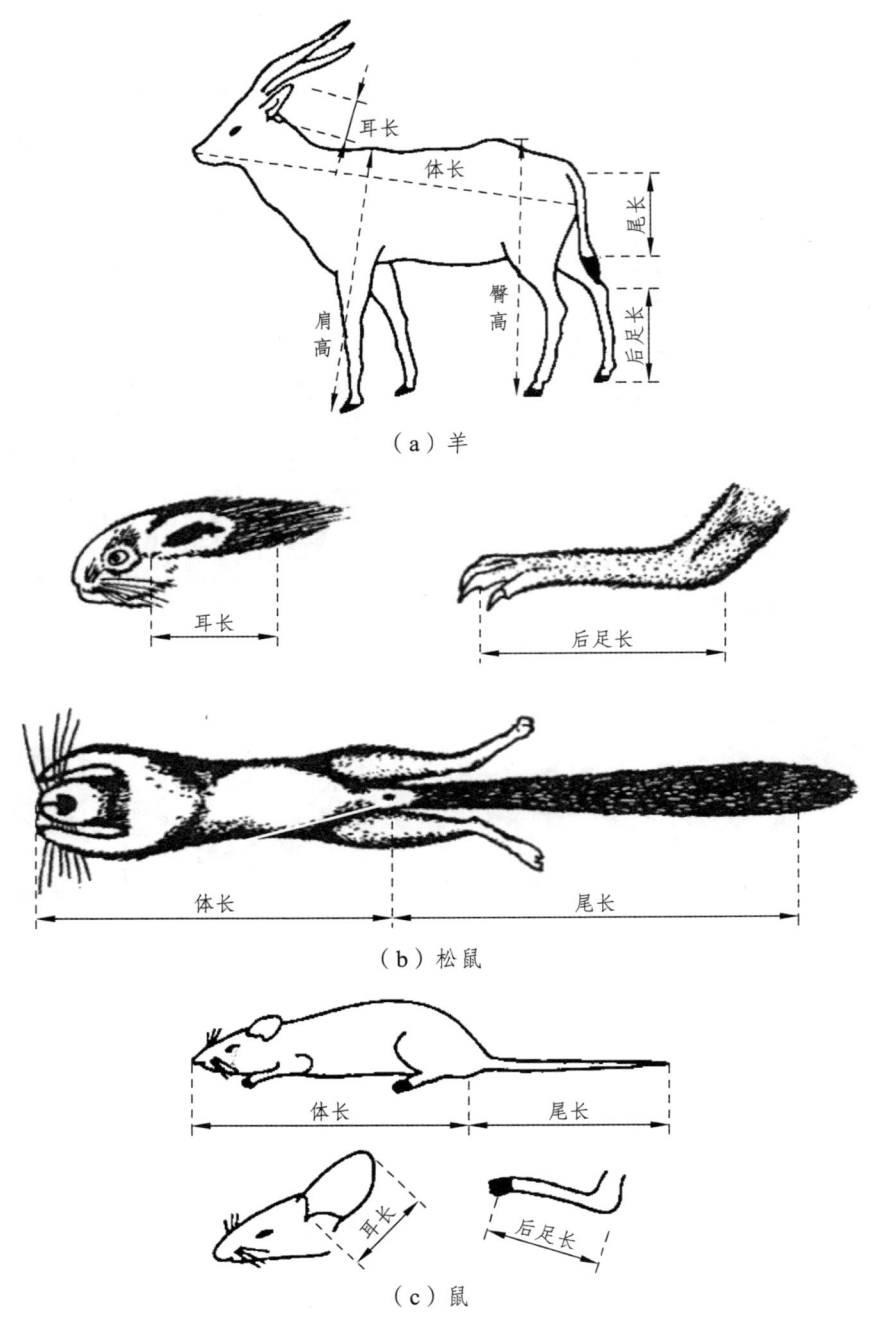

图 16.3 兽类外形测量

全长：鲸目等海兽，从吻端至尾鳍后缘缺刻处的长度。
尾长：从肛门至尾端，不计端毛的长度。
耳长：从耳壳基部缺口至耳顶端，不计耳尖的长度。
后足长：从后跟至最长趾端，不计爪，但有蹄类则到蹄尖的长度。
前臂长：翼手目，兽类，从肘关节至腕关节的长度。

肩高：大型兽，从肩部背中线到前肢趾末端的长度（包括蹄在内）。
臀高：大型兽，从臀部背中线到后肢趾末端的长度（包括蹄在内）。
胸围：大型兽，从前肢后方量其胸部的最大周长。

2. 头骨量度（图 16.4）

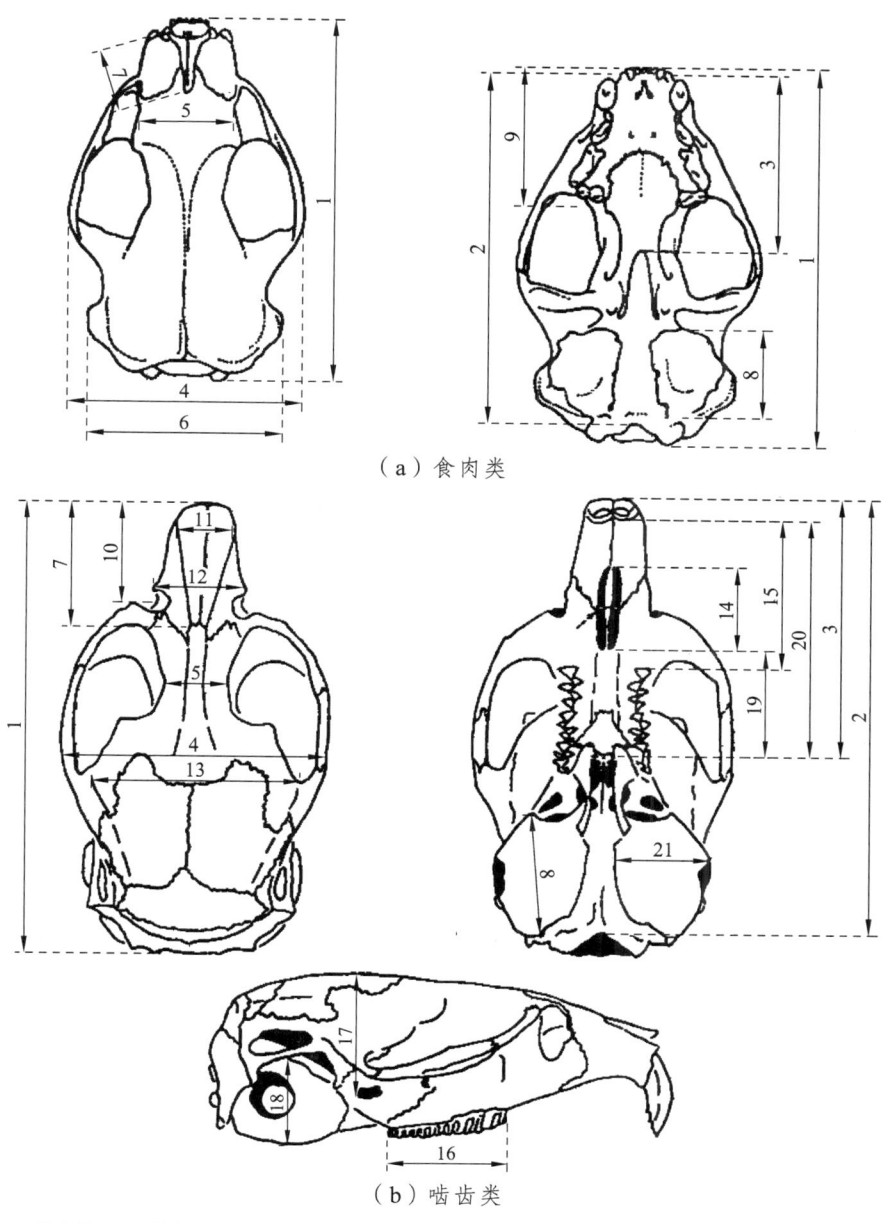

1—颅全长；2—基长；3—颚长；4—颧宽；5—眶间宽；6—后头宽；7—鼻骨长；8—听泡长；
9—齿列长；10—吻长；11—鼻骨宽；12—吻宽；13—脑颅宽；14—门齿孔长；
15—齿隙长；16—齿列长；17—颅高；18—听泡高；
19—颚桥长；20—颚骨长；21—听泡宽。

图 16.4 兽类头骨的测量

颅全长：头骨的最前端突出部至最后端突出部的长度。
颅基长：自枕髁后缘至前颌骨的最前端。
基长：自枕大孔前缘至门牙槽前缘的长度。
基底长：自枕大孔前缘至门牙槽后缘的长度。
腭长：自翼间孔前缘至前门槽前缘的长度。
腭底长：自翼间孔前缘至门牙槽后缘的长度。
颧宽：颧弓外缘间的最大宽度。
眶间宽：左右眼眶内缘的最小宽度。
后头宽：颅部两侧鼓骨外缘之间的宽度。
鼻骨长：鼻骨的最大直线长；鼻骨缝长；两鼻骨缝的直线长。
听泡长：听泡的最大直线长。
牙齿：牙齿是哺乳动物分类的重要依据。分为门齿、犬齿、前臼齿和臼齿。可用齿式表示动物牙齿的种类和数目。例如：刺猬的齿式为 $\frac{3.1.3.3}{2.1.2.3}$，表示刺猬有 36 颗牙齿，其中门齿 10 颗、犬齿 4 颗、前臼齿 10 颗和臼齿 12 颗。
齿列长：第一门牙槽前缘至最后臼齿槽后缘的直线长。
颊齿列：始于犬牙槽前缘；齿隙始至门牙后缘至颊齿前缘。

（四）分目检索示例

兽类分目检索表

（1）指、趾具爪或甲 ·· 2
　　　指、趾具蹄 ·· 9
（2）指、趾具甲，大指（趾）与其他指（趾）相对，能握物 ······· 灵长目（Primates）
　　　指、趾具爪 ·· 3
（3）前肢翼状，掌、指延长，指间及肢间有翼膜，能飞翔
　　　·· 翼手目（Chiroptera）
　　　前肢不呈翼状；若肢间有飞膜，指正常，指间无翼膜 ···························· 4
（4）体被覆瓦状鳞甲 ·· 鳞甲目（Pholidota）
　　　体被毛或刺 ·· 5
（5）门牙强大，凿状，犬牙虚位（无犬牙） ··· 6
　　　门牙不呈凿状，犬牙存在 ·· 7
（6）上门牙 2 对，前后重叠排列 ································· 兔形目（Lagomorpha）
　　　上门牙 1 对 ·· 啮齿目（Rodentia）
（7）中央门牙小于两侧门牙和犬牙 ································· 食肉目（Carnivora）
　　　中央门牙大于其余门牙，多数也大于犬牙 ·· 8
（8）体形及大小似松鼠，尾毛蓬松，鼻吻部尖，但不延长 ········ 树鼩目（Scandentia）
　　　体形似鼠，尾毛短而稀；鼻吻部延长，明显超过下唇 ·········· 食虫目（Insectivora）

（9）后足或前足蹄为单数 ·················· 奇蹄目（Perissodacyla）

4 足蹄为双数，第 2、3 两蹄最发达 ·················· 偶蹄目（Artiodactyla）

（五）分目简介

1. 食虫目（Insectivora）

食虫目为小型兽类。四肢短，具 5 趾，有利爪；体被软毛或硬刺；吻细长突出，牙齿原始，适于食虫；外耳及眼较退化。包括以下种类：

（1）刺猬（*Erinaceus europaeus*）：体背被有棕白相间的棘刺，其余部分具浅棕色深淡不等的细刚毛。齿式为 $\frac{3.1.3.3}{2.1.2.3}$。

（2）鼩鼱（*Sorex araneus*）：外貌似小鼠。体被灰褐色细绒毛，尾细长具疏毛。齿式为 $\frac{3.1.3.3}{1.1.1.3}$。

（3）缺齿鼹（*Mogera robusta*）：俗名鼹鼠。体粗短，密被不具毛向的绒毛；眼小；耳壳退化；锁骨发达，前肢短健，掌心向外侧翻转，具长爪。适于地下生活。齿式为 $\frac{3.1.4.3}{3.0.4.3}$。

2. 翼手目（Chiroptera）

前肢特化，适于飞翔。具特别延长的指骨，由指骨末端至肱骨、体侧、后肢及尾之间，着生有薄而韧的翼膜，借以飞翔。第 1 指或第 2 指端具爪。后肢短小，具长而弯的钩爪，胸骨具胸骨突起，锁骨发达，齿尖锐。包括以下种类：

东亚蒙蝠（*Pipistrellus abramus*）：体小型。耳较大，眼小，吻短。

3. 灵长目（Primates）

大多数种类拇指与其他指相对；锁骨发达，手掌（跗部）具两行皮垫，利于攀缘；少数种类指（趾）端具爪，但大多具指（趾）甲。大脑半球高度发达；眼前视，视觉发达；嗅觉退化。包括以下种类：

（1）猕猴（*Macaca mulatta*）：尾长约为体长的 1/2。颜面和耳多呈肉色；胼胝红色，体毛棕黄。

（2）川金丝猴（*Rhinopithecus roxellanae*）：我国名贵特产，分布于川南、陕南及甘南的 3 000 m 高山上。体被金黄色长毛，眼圈白色，尾长，无颊囊。

4. 鳞甲目（Pholidota）

体外被覆角质鳞甲，鳞片间杂有稀疏硬毛；不具齿，舌发达；前爪极长。包括以下种类：

穿山甲（*Manis pentadactyla*）：体背面披角质鳞片，鳞片间有稀疏的粗毛。头尖长，口内无齿，舌细长，善于伸缩。主要食物为白蚁和蚂蚁。

5. 兔形目（Lagomorpha）

中小型草食类。上颌具有 2 对前后着生的门牙，后面 1 对很小，故又称重齿类。包括以下种类：

蒙古兔（*Lepus tolai*）：背毛黄褐色，后肢长而善跳跃，耳壳长，尾短。

6. 啮齿类（Rodentia）

在哺乳动物中啮齿目的种类和数量最多，遍布全球。主要特征为：体中小型。上下颌各具 1 对门牙，仅前面被有珐琅质，呈凿状，终生生长；无犬牙（犬牙虚位）；臼齿常为 3/3。嚼肌发达，适应咬啮坚硬物质。包括以下种类：

（1）灰鼠（*Sciurus vulgaris*）：夏毛褐色，冬毛灰色；尾具蓬松长毛；耳尖，具丛毛。为重要毛皮兽，其皮俗称灰鼠皮。

（2）黄鼠（*Citellus dauricus*）：体棕黄色，尾部具丛毛。

（3）黑线仓鼠（*Cricetulus barabensis*）：体灰褐色，尾短，背中有一条黑色背纹；具颊囊。

（4）鼢鼠（*Myospalax fontanierii*）：似鼹鼠，但体较粗大，吻钝。地下掘穴生活。

（5）小家鼠（*Mus musculus*）：体较小，门牙内侧有短刻。

（6）褐家鼠（*Rattus norvegicus*）：体较大，臼齿齿尖 3 列，每列 3 个。

（7）三趾跳鼠（*Dipus sagitta*）：为荒漠鼠。后趾加长，蹠骨及趾骨趋于愈合并减少，适于跳跃。尾长，端具丛毛。

7. 食肉目（Carnivora）

猛食性兽类。门牙小，犬牙强大而锐利；上颌最后一枚前臼齿和下颌第一枚臼齿特化为裂齿（食肉齿）；趾端常具利爪，利于撕捕食物；脑及感官发达；毛厚密，且多具色泽。包括以下种类：

（1）狐（*Vulpes vulpes*）：体长，面狭吻尖；四肢较短；尾长大，超过体长的 1/2，尾毛蓬松，端部白色。

（2）黄鼠狼（黄鼬）（*Mastela sibrica*）：体形细长，四肢短。颈长、头小。尾长约为体长的 1/2，尾毛蓬松。背毛棕黄色。

（3）豹猫（*Felis bengalensis*）：体形似家猫但稍大。眼内侧有两条白色纵纹，体毛灰棕色，杂有不规则的深褐色斑纹。

8. 奇蹄目（Perissodactyla）

草原奔跑兽类。四肢的中趾即第 3 趾发达，趾端具蹄。门牙适于切草，犬牙形状似门牙，前臼齿与臼齿形状相似，嚼面有棱脊，也有磨碎食物的作用。单胃。如斑马（*Equus zebra*）。

9. 偶蹄目（Artiodactyla）

第 3、4 趾同等发达，故称偶蹄，并以此负重（第 2、5 趾为悬蹄）。尾短。上门牙常退化或消失；有的犬牙形成獠牙，有的退化或消失；臼齿咀嚼面突起型很复杂，不同的科因食性不同而有变化。包括以下种类：

（1）野猪（*Sus scrofa*）：为家猪的原祖。吻部延伸，在鼻孔处呈盘状，内有软骨垫支持，毛鬃状。尾细，末端具鬃毛。足具4趾，侧趾较小。具门牙，雄体的上犬牙外突成獠牙；臼齿具丘状突（丘齿型）。单胃。

（2）梅花鹿（*Cervus nippon*）：足具4趾，中间1对较大。具眶下腺及足腺。雄兽具分叉的角，鹿角的分叉结构为分类上的依据。上颌无门牙，臼齿嚼面具月牙状脊棱（月齿型）。

（3）黄羊（*Procapra gutturosa*）：偶蹄。雌雄均具虚角。

四、作　业

编制蝙蝠、金丝猴、穿山甲、松鼠、小家鼠、小熊猫、大熊猫和野猪等兽类的分类检索表。

附　录

附录 A　生物绘图方法

　　生物绘图是形象描绘生物外形、结构和行为等的一种重要的科学记录方法。其原则是要求对所描绘的生物对象进行深入细致的观察，充分了解其有关形态结构特征。在此基础上，准确、严谨、简洁地绘制。生物图不同于美术图，所绘图形要具有真实性，不能任意臆造加以美化。图只能用小圆点和平滑的曲线表示，不可涂黑。

　　（1）绘图前要仔细观察所需绘图的对象。各部分的结构都要看清楚，同时要把自然的结构与偶然的、人为的一些"结构"区分开，绘制具有代表性的典型结构。

　　（2）绘图时先要确定图在报告纸上的位置和大小，然后才能开始绘图。不能任意、毫无计划地在纸上绘图，这样常常会使所绘的图在报告纸上的位置不当，或过大过小，都会影响注字和说明。一般根据在报告纸上要绘制几个图来确定位置。如果要绘两个图，应先在报告纸上方留下一部分空档，便于书写本次实验的名称。余下部分可一分为二，作为绘制两个图的位置。一定要在报告纸上方规定位置写上班级、专业、姓名、学号和日期等。

　　（3）确定绘图的位置后，就要确定图的大小。一般要尽可能地把图画大一些。如果画的是细胞图，为了清楚地表明细胞内部结构，所绘细胞不宜过多，只绘 3~4 个即可。如果绘器官的结构图，也不一定把全部切面绘出，只绘 1/4 或 1/2 部分即可，但要能将需要反映的结构完整地表示出来。

　　（4）绘图时先用软铅笔（HB）起草。当草图与实物基本符合后，用硬铅笔（2H 或 3H）把各部分的结构绘制出来。

　　（5）绘图完成后，再与显微镜下的实物相对照，检查有无遗漏或错误。然后把各部分的名称注出，同时在图下方注明图的名称及显微镜的放大倍数。注字时要尽可能详细，所注的字最好在图右边一侧，用直线引出，排列要整齐。

　　（6）注字及绘图一定要用绘图铅笔，不要用钢笔、圆珠笔或彩色铅笔。

附录 B 实验动物的采集与培养

一、眼虫的采集与培养

1. 采 集

在不流动的、腐殖质较多的小河沟、池塘或临时积有污水的水坑中，常可采集到眼虫。眼虫大量繁殖时，水体呈绿色。在水温较高、光照较强的晌午时段（尤其是冬季），因眼虫集中于水体上层进行光合作用，更容易被采集。

2. 培 养

将富含腐殖质的泥土少许置于三角瓶中，加水至瓶容积的 2/3 处，以棉花轻轻塞住瓶口，煮沸 15 min，室温放置 24 h。由于多数情况下采到的水样混杂有其他动物，因此接种时应在解剖镜下用微吸管将眼虫吸出，反复多次。再将眼虫接种到三角瓶中，置于向光处（避免阳光直射）纯培养，1 周后眼虫大量繁殖。

二、草履虫的采集和培养

1. 采 集

草履虫多生活在湖沼、池塘、水田以及城市生活用水的下水沟中，以细菌、藻类和其他腐败的有机物为食。在水底沉渣表面浮有灰白色絮状物、有机物质丰富的水中，常有大量草履虫生活。采集方法是将广口瓶系上绳，沉入水底连同沉渣一块儿捞起。

2. 培 养

常用 1% 稻草水培养草履虫。将 1 g 稻草秆切成小段放入锥形瓶中，加水 100 mL，瓶口塞上棉花，煮沸 30 min，放置 24 h。接种草履虫（方法同眼虫）。1 周左右可见瓶中有大量的草履虫。可在培养液中加少量玉米粉等促进草履虫的繁殖。

三、水螅的采集与培养

1. 采　集

水螅一般生活在水草丰富、水质好的缓流湖塘、沟渠中,以水蚤、剑水蚤等为食。水螅喜欢附着在水草的茎叶上。在水中身体伸展时体色较淡,遇刺激或离水时会收缩成浅灰褐色的小粒状体,紧粘在附着物上,难以被看见。采集时将可能有水螅的水草带回实验室,放入圆形玻璃容器中,加入已经曝气的自来水,置于实验室的向阳处。静置数小时,待水澄清、水螅体舒展开后即可找到水螅。

2. 培　养

培养水螅应用曝过气的清洁自来水。将水螅连同少许水草放入培养缸中培养。培养温度以 15~20 ℃ 为宜,超过 30 ℃ 不利于其生长,过低则繁殖缓慢或停止。每周投喂活水蚤 1~2 次。如欲加速繁殖,应增加投食量。当水螅体上的芽体有 3 个左右时,投食量要适宜。注意及时用虹吸管吸去水底的死水蚤、沉渣和一些陈旧缸水,并补充少许新水。如欲获得带精巢或卵巢的水螅,可把水温降到 8 ℃ 左右,停止投食,水螅体壁上会长出精巢或卵巢。

四、涡虫的采集与培养

1. 采　集

涡虫喜欢生活在溪流、水沟中,以小型蠕虫、甲壳类动物及昆虫的幼虫等为食。涡虫避强光,昼间潜伏于石块、落叶下。发现涡虫时,可将新鲜动物肝脏(或肌肉)切成小块,系上细绳吊在水中。1~2 h 后会诱来较多的涡虫附着在诱饵上,提起诱饵放入装有水的广口瓶中,涮下涡虫。可同时在附近多设几处诱饵,以采到更多涡虫。

2. 培　养

培养涡虫应用曝过气的清洁自来水。培养缸内可放些瓦块、卵石便于涡虫隐蔽。涡虫适宜的水温是 16~18 ℃,温度过高时会自行解体,所以夏季应特别注意降温。食物以动物肝脏或肌肉、熟蛋白等为主。如需涡虫加快生长,可每周投食 3 次;如需保种,则 2 周或更长时间投食 1 次,因涡虫有较强的耐饥饿能力。注意每次投食几小时后应将剩余的食物移出,以免水质变坏。换水时间视水质的浑浊情况而定。当缸内水质浑浊时,可用毛笔将缸内的水旋转搅动,使沉渣泛起、涡虫卷缩下沉,然后倾去上部陈水,补充新水。

附录 C 昆虫标本的采集与制作

一、用具和药品

昆虫网、扫网、毒瓶、昆虫标本盒、昆虫针、三级板、展翅板、镊子、剪刀、大头针、载玻片、盖玻片、干燥器、试管、培养皿、标签、绘图笔、石炭酸、50%酒精溶液、70%酒精溶液、85%酒精溶液、95%酒精溶液、无水酒精、10%氢氧化钾溶液、1%酸性复红溶液、二甲苯或冬青油、加拿大树胶等。

二、昆虫网、扫网、毒瓶和三角纸包的制作

1. 昆虫网（空中捕网）

昆虫网以帐子纱或尼龙纱制成。网口的直径约为 30 cm，深为 80 cm，用一个粗铅丝圈，将其装在一根长约 130 cm 的棍棒上。

2. 扫　网

扫网以细夏布制成。网的大小及制作方法和昆虫网相同，扫网可代做捞网，用来捕捞水生昆虫。

3. 毒　瓶

（1）取一只能密封的大口瓶，放进一块与瓶底同样大小的海绵，在使用时随时加入适量的氯仿或乙醚。

（2）取 50 g 氰化钾，放在一只能密闭的 1 000 mL 大口瓶中，铺上一层木屑，压紧后铺上一层潮湿的熟石膏粉，待石膏凝固后，刺上几个小孔，最后铺上一张刺有小孔的马粪纸。毒瓶的制作应在通风柜中进行，防止操作人员中毒。

4. 三角纸包

三角纸包用韧性大、表面光滑的纸做成。把纸先裁成长方形，大小根据需要而定，但长度与宽度之比为 3∶2。三角纸包可用废信封来代替。

三、采集昆虫

1. 空中昆虫的采集

善于在空中飞行的昆虫,如蝶类、蜂类、蜻蜓等,都可用昆虫网来兜捕。兜捕时动作必须迅速,见飞虫入网后,立即将网捻转,使网底折至网口。

2. 草丛中昆虫的采集

凡跳动或栖息在草丛中的昆虫,如叶蝉、飞虱等,须用扫网进行扫捕。

3. 水中昆虫的采集

生活在水中的龙虱、水龟虫以及蜻蜓的幼虫等,可用捕网在水域中来回兜捕。

4. 土层中昆虫的采集

土层中、石块、朽木或树叶下,常有昆虫的幼虫、蛹或成虫栖息,可通过挖土、翻石等方法进行采集。

5. 小型昆虫的采集

如蓟马、蚜虫等小型昆虫,可用毛笔蘸取70%的酒精进行粘取采集。

6. 夜行性昆虫的采集

利用这类昆虫的趋性进行诱捕。

(1)灯光诱捕:以短光波的黑光灯诱集效果最好,一般长光波灯效果较差。诱集时,在灯的一边竖立一白色的幕布,常会有很多昆虫如蝼蛄、金龟子、各种蛾类等到幕布上停歇。

(2)糖醋诱捕:用红糖加上适量的醋和酒(4份糖、4份醋、1份酒)放入碗钵中,在夜间进行诱捕。等昆虫被诱集来时,可用昆虫网兜捕或用毒瓶在幕布上套捕。

捕获后的昆虫,除了需要继续饲养的外,其他应立即投入毒瓶中毒死,否则放在容器中常因挣扎、相互压挤、咬伤而损坏,不完整的材料在标本制作和保存上已失去意义。

毒瓶中已毒死的昆虫,应及时取出,分别包在三角纸包内。纸包外面要写明采集时间、地点和采集者。大型的蝶类或蛾类,在毒瓶中一时不易毒死,常因挣扎而使两翅折断或鳞片掉落,可用三角纸包先将它们包起,然后投入毒瓶里毒死。

四、制作昆虫标本

供制作标本的虫体,必须要完整。制成的标本要求姿态自然,特征明显。

1. 干制标本法

除身体细小、柔软易腐的昆虫外，一般皆可用针插法制作。

（1）虫体软化。

如制标本的虫体已经干硬，在制作前须将其放在软化器中软化。软化器是用一个干燥器，底部盛放清水，水中加几滴石炭酸即成。需要软化的昆虫连三角纸包一起放在软化器的瓷板上，加盖密封，经3~4d即能软化供标本制作。软化的材料不能与水直接接触，否则易发霉腐烂。

（2）昆虫针的选择。

根据昆虫体形大小，选用粗细适宜的昆虫针进行针插。昆虫针的型号通常分为00、0、1、2、3、4、5号7种，00号是短针，又叫二重针，最细，针的末端没有膨大部分，用来针插小型的昆虫，5号针最粗，用来针插体形粗大的昆虫。

（3）针插。

针插的部位因种类的不同而有所不同。多数种类如鳞翅目、蜻蜓目、膜翅目等昆虫，针可从中胸正中垂直向下插入，在腹面两中足之间穿出。而直翅目昆虫，可从前胸背板后缘附近的中央或右翅的基部垂直向下插入。鞘翅目昆虫，可从右翅附近，距翅缝不远处垂直插入。双翅目昆虫，可从中胸的中间稍偏右侧处垂直插入。

体形过小的昆虫，如只能用短针进行针插的，先按上述各类昆虫的针插部位，依法插上，然后再把短针插在一块三角硬纸片上，最后用大针把三角纸片插起。不能用针插的小型昆虫，直接用胶水将虫粘在三角形硬纸片的尖端，然后用大针把三角纸片插起。

（4）展翅。

凡是要观察虫翅的标本，在制作时，都需要展翅。展翅须在展翅板上进行。展翅的步骤是根据虫体的宽度，先调整展翅板沟槽的大小，将针插后的昆虫插在展翅板沟槽底下的软木上，使虫翅的基部与沟面相平，然后用昆虫针把虫翅向两侧展开。在展开的虫翅上，压上一条光滑的纸条，纸条的两端先用大头针钉住，后用镊子轻轻地移动前翅，使前翅的后缘与虫体垂直，再使后翅的前缘与前翅后缘相接，然后用大头针靠近翅的周围，将纸条钉紧，以防虫翅发生移位。大多数昆虫的展翅，以前翅的后缘与虫体垂直为准，而蜻蜓目、脉翅目昆虫的前翅后缘呈圆形，展翅以后翅的前缘与虫体垂直为准，蝇类和蜂类昆虫，展翅以翅的前端与头平齐为准。

昆虫的翅十分脆弱，展翅时不可用手指去移动，须用镊子或细针，在翅前缘的翅脉上轻轻地拨动。有些较大的昆虫，展翅后腹部容易下垂，可用坚固的纸片或昆虫针将昆虫的腹部托起。为了防止腐烂，在展翅前可剖开腹部，取出内脏，填入棉花后再进行展翅。

（5）整姿。

凡是针插、展翅的标本，都需要经过整姿，使标本尽量与自然姿势相似。整姿时，使昆虫的六足伏在木板上，用镊子摆正其位置。昆虫的触角，如甲虫、椿象等较短的触角，呈八字形地向前伸；蟋蟀等较长的触角，则要弯向虫体背部的上方。摆正后的足和触角，可用大头针或昆虫针交叉固定或支起。经整姿后的标本，放在50~60°C恒温箱中烘干，或放在通风处阴干。待干后，才能从木板上或展翅板上卸下。

针插的标本和标签，在昆虫针上应有统一的高度，标本和标签高度的调整，须在三级板上进行。三级板又名平均台，第一级高度为 8 mm，第二级高度为 16 mm，第三级高度为 24 mm。使用三级板时，将针插的标本，倒插入三级板的第一级小孔中，使虫体背面离针钝端的距离等于第一级的高度。然后，在标本的下位刺上标签，标签上须注明采集地点、日期和采集者姓名，把针尖插入三级板的第二级小孔中，使标签的高度等于三级板的第二级高度。虫体较大的昆虫，标签的高度可等于第一级的高度。

2. 浸制法

小型、细长柔软的昆虫以及卵、幼虫、蛹等，一般均用浸制方法保存。幼虫在浸泡前，应让它饥饿几小时，待粪便排净后，投入沸水中杀死，直至虫体硬直时才取出，然后浸泡在 70% 的酒精或 3% 的甲醛溶液中保存。每 100 mL 的酒精保存液中加入 1~2 滴甘油，可以保持虫体的柔软。较大的幼虫泡浸 1~2 d 后，要更换一次保存液，才能长期保存。

3. 封片法

许多小型昆虫如蚊、蚤、虱等，或触角、口器、外生殖器等部分构造，均可制成封片保存。一般步骤如下：

（1）固定：先把材料放在 50% 的酒精中杀死，再移入 70% 的酒精中，存放 24 h。

（2）组织透明：把材料放在试管中，加入 10% 的氢氧化钾溶液，加热至组织透明，把氢氧化钾溶液倾去，用水冲洗 0.5 h。

（3）染色：冲洗材料后，加入 50% 的酒精，再换 70%、85%、95% 的酒精。在上述溶液中，各处理 5 min。然后，倾出酒精，加入酸性复红溶液染色数分钟。

（4）脱水：将材料移入 95% 的酒精中，处理 10 min，再移入无水酒精中 30 min。

（5）透明：将材料从无水酒精中取出，移入二甲苯或冬青油中 10 min。

（6）封藏：等到标本充分透明后，即用载玻片滴上加拿大树胶 1 滴，将材料放在树胶中，用针调整姿态后，用盖玻片封起。如果材料较厚，在材料的周围堆放几块碎玻片，然后再用盖玻片封起。刚制成的封片，需放在 40~50 ℃ 的恒温箱内烘干。

五、昆虫标本的保存和维护

1. 存放环境

昆虫标本应存放在阴凉、干燥、通风的环境中，避免阳光直射和潮湿。

2. 防　虫

昆虫标本容易被其他昆虫和室内害虫侵袭，因此需要采取防虫措施，如使用樟脑丸等。

3. 定期检查

定期检查昆虫标本，确保其保存状态良好，必要时进行维护和修复。

附录 D 脊椎动物浸制标本的制作

一、鱼类、两栖类、爬行类的整体浸制标本制作

1. 整理姿态

将新鲜的鱼用纱布包好，干燥致死。然后用清水将鱼体表的黏液冲洗干净（勿损伤鳞片）。用注射器从腹部向鱼体内注射 10% 的福尔马林溶液，以固定内脏，防止腐烂。然后，将鱼的背鳍、臀鳍和尾鳍展开，用纸板及曲别针加以固定。把整理好的标本侧卧于解剖盘内，鱼体向解剖盘的一侧可适量放些棉花衬垫，特别是尾柄部要垫好，以防标本在固定时变形。

活的蛙、蜥蜴、蛇、龟等动物需放入大小适宜的标本缸或厚塑料袋内，用脱脂棉浸透乙醚或氯仿放入其中，盖严缸盖或封紧袋口，使动物麻醉。待其致死后，再进行整形，按它们生活的姿态，用大头针固定在蜡盘上。体形大的标本应事先在体内注射 10% 的福尔马林溶液。

2. 防腐固定

加入 10% 的福尔马林溶液至浸没标本，作为临时固定，待硬化后取出。

3. 装瓶保存

根据标本瓶的内径和高度截一玻璃片，将标本头朝上固定于玻璃板上。用橡胶塞或软木塞剔好小槽做成 4 个玻璃片固定脚，分别嵌在玻璃片两侧，将带有标本的玻璃片缓缓装入标本瓶内。最后，将 10% 福尔马林溶液倒入瓶内至满，密封瓶盖。

4. 贴标签

将注有科名、学名、中文名、采集地、采集时间的标签贴在瓶口下方。标签贴好后，可在标签上用毛笔刷一层石蜡液，以防字迹褪色。

二、解剖标本的浸制制作

解剖标本的制作目的是观察内脏。按解剖的一般方法除去体壁，露出内脏。如要展示某一器官系统，须小心地除去不需要的部分。展示部分的器官要保持其自然位置，然后将其浸泡于 10% 福尔马林溶液中。如要标明各器官名称，可用胶水将打印好（或用铅笔书写）的名词签贴在各器官上，待粘牢晾干后，浸入保存液中即可。

附录 E 动物剥制标本的制作

动物剥制标本是一种利用动物皮张制成的标本，适用于大部分脊椎动物，尤其是鸟类和哺乳类，在动物学教学和科研中有着广泛的应用。

一、常用防腐剂和化学物品

（一）常用防腐剂

防腐剂具有防止动物皮毛腐烂和受虫害侵袭的作用。其配方有多种，其中含砷防腐剂由于防腐效果好、标本保存时间长，在剥制标本制作中得到广泛应用。鉴于砷是剧毒物质，在购买、配制、使用和保管上通常会受到一定的限制。下面介绍几种具有较好防腐功能的防腐剂，可酌情选择。

1. 三氧化二砷防腐膏

配方：三氧化二砷 50 g，普通肥皂 40 g，樟脑 10 g，水 100 mL，甘油少许。

配制方法：取肥皂切成薄片，然后注入水，水浴加热使之融化，加入三氧化二砷及研磨成粉末状的樟脑，搅拌溶解后加入甘油，冷却后呈糊状。使用时若觉太稠，可加适量温水调稀。

适用范围：主要用于鸟类剥制标本的制作。

2. 无砷防腐膏

配方：冰片（2-莰醇）11 g，95% 酒精溶液 20 mL，苯酚 1 mL，聚乙烯酸 4 g，新洁尔灭 3 g，水 70 mL。

配制方法：将聚乙烯酸用 20 mL 水发透，水浴加热，使之透明。取冰片溶于 95% 酒精中，加入苯酚、新洁尔灭和 50 mL 热水，最后缓缓加入聚乙烯酸，搅拌均匀后即成透明稀糊状。

适用范围：各种脊椎动物剥制标本的制作。

3. 三氧化二砷防腐粉

配方：三氧化二砷 20 g，明矾（硫酸铝钾）70 g，樟脑 10 g。

配制方法：将明矾、樟脑研磨成粉末后，与三氧化二砷混匀。

适用范围：鱼类、两栖类、爬行类和哺乳类剥制标本的制作。

4. 无砷防腐粉

配方：硼酸 50 g，明矾 30 g，樟脑 20 g。

配制方法：将明矾、樟脑研磨成粉末后，与硼酸混匀。

适用范围：鱼类、两栖类、爬行类和哺乳类剥制标本的制作，尤其适用于哺乳动物皮毛的临时防腐处理。

（二）其他常用化学物品

酚醛、清漆、松香水、乙醚、白胶（聚醋酸乙烯胶黏剂）、各色油漆及颜料和石膏粉等。

二、常用材料和器具

1. 铁　丝

用于制作动物标本支架，使标本保持生活时的形态。

2. 义　眼

义眼通常用黑色玻璃和无色透明玻璃烧制而成。黑色部分为瞳孔，无色部分为虹膜。后者可根据动物虹膜本身的颜色用油漆着色。安装时将与义眼黑色部分相连的铁丝脚嵌入标本眼眶内即成。另一种义眼为粒椒，又称黑珠义眼，是一种小的圆形黑色玻璃，同样具有铁丝脚，不需上色，嵌入标本眼眶内可代替眼球。

3. 充填物

棉花、竹丝、棕丝、稻草、锯末。

4. 解剖器械

解剖刀、剪刀、镊子、骨剪、解剖盘。

5. 其他器具

钢丝钳、钢（木）锯、电钻（或手摇钻）、天平、针、线、毛笔、漆刷、标本台板等。

三、动物剥制前的处理

（一）选材要求

制作脊椎动物剥制标本，在选材上要求做到：① 动物体要新鲜。宜选用活体或死后不久的动物，否则由于皮肤腐烂而难以制成理想的外形标本。② 体形要完整。包括动物体的皮肤应完整无损,四肢及其他外部结构(如喙、耳等)要齐全。鱼类及爬行类要求体表鳞片完整;鱼类鳍条无残缺断裂;鸟类和哺乳类体表无大面积脱羽、脱毛现象。

(二)活体处死方法

鱼类、两栖类、蛇类可用乙醚麻醉致死。毒蛇在麻醉处死之后,用镊子在口腔近上颌骨处折断毒牙。将毒牙冲洗后保存备用。处死鸟类的方法有多种,常用手紧捏其胸部两侧,压迫胸腔使之无法呼吸而窒息,或将解剖剪从口腔伸入,剪断其食管两侧颈动脉,由口腔放血而处死。后一种方法尤其适合初学者。哺乳类如家兔除用乙醚麻醉处死外,还可采用耳缘静脉注射空气法处死。动物被处死后,最好放置 1~2 h,待血管内血液凝固后再进行剥皮,可减少血迹对毛皮的污染。

(三)测量和记录

剥制前需对动物各部位长度作测量,并记录动物的性别、体形、体重、姿势、体色(包括虹膜、脚、喙等部位的颜色,鱼类体色容易变化,需作详细记录)、采集地、采集日期等。以此作为教学、分类、科研的参考,同时也为标本填充、整形以及上色提供依据。从而使剥制后的标本尽可能符合其生活时的形态,避免失真。现将脊椎动物各纲代表种类在剥制前需要测量的主要项目分别叙述如下:

1. 鱼类剥制前需要测量的主要项目

全长:由吻端或上颌前端至尾部末端的距离。
体长:由吻端或上颌前端至尾部最后一尾椎的距离。
体高:由背鳍前到腹面的垂直距离。
尾长:由肛门到最后一尾椎的距离。

2. 两栖类剥制前需要测量的主要项目

体长:自吻端至体后端的距离。
头长:自吻端至上下颌关节后缘的距离。
头宽:左右颌关节之间的距离。
吻长:自吻端至眼前角的距离。
后肢全长:自体后部正中部分至第 4 趾末端的距离。
前臂长:自肘关节至第 3 趾末端的距离。
胫长:胫部两端间的长度。

3. 鸟类剥制前需要测量的主要项目

体长:自嘴端至尾羽端的距离。

嘴峰长：自嘴基生羽处至上嘴先端的直线距离。
翼长：自翼角（即腕关节）至最长飞羽先端的直线距离。
尾长：自尾羽基部至最长尾羽先端的直线距离。
除以上列举的项目外，尚有翼展长、嘴裂、趾、爪等长度，根据需要加以测定。

4. 哺乳类剥制前需要测量的主要项目

体长：兽体仰卧伸直时，自吻端至肛门的距离。
尾长：自肛门至尾端的距离（不包括尾先端的毛）。
耳长：自耳基部至耳尖的距离（不包括耳尖的簇毛）。
肩高：自背脊水平线至足底水平线的距离。
臀高：自腰脊水平线至足底水平线的距离。
颈长：自耳后至肩峰的距离。
颈围：头部后面和胸部前面颈的周长。
胸围：前肢后端胸廓的最大周长。
前肢周长：前肢最大部位的周长。
后肢周长：后肢最大部位的周长。

四、动物剥制标本制作的基本步骤和要求

虽然脊椎动物种类繁多，外部形态、大小、皮肤的厚薄等差异也很大，动物剥制标本制作者的手法又有差异，但是一些基本步骤和方法是大同小异的。现概述如下：

（一）剥　皮

剥皮是剥制标本制作过程中最关键的一步。因为皮毛的完整性直接影响标本的外观和保存价值。剥皮应注意以下几点：

（1）在剥取动物皮毛前，应先了解被剥制动物的体形、皮肤、骨骼结构以及表皮衍生物着生的特点，做到心中有数，剥制时才能得心应手。

（2）根据动物形态的特点以及标本造型的需要，采用不同的剖口线，其中以胸部剖口的"胸剥法"最常用。剖口时，入刀要浅，在不影响皮肤剥离的情况下，力求减少和缩小剖口。

（3）在鸟类和哺乳类动物剥制中应避免动物体的排泄（遗）物、血液等污染皮毛。剥制前可通过轻轻挤压动物的腹部，使尿液、粪便排出，同时在口腔及肛门（或泄殖腔孔）内塞入棉球。剥皮中遇出血，可用棉花或纱布止住，并在皮肤内侧与肌肉间撒上具吸湿作用的石膏粉，以尽量减少血液和脂肪等污染皮毛表面。

（4）动物的皮肤大多通过疏松结缔组织与其下方的肌肉组织相连。剥皮一般采用手指或借助解剖刀的刀柄分离皮肤与肌肉。对一些皮肤较薄处或皮肤与骨骼几乎直接相接处，应用

手指甲或解剖刀紧贴骨表面慢慢地分离皮肤，以避免动物皮毛受损。

（5）剥制标本取用的虽然是动物的皮毛，但皮肤内仍允许留有少量的骨骼。鱼类除需保留头骨外，尚需保留后带骨及各鳍鳍骨；陆生种类一般除保留头骨、四肢掌骨、指（趾）骨外，还需保留某些肢骨，以协同支架支撑标本。因此，剥皮时对应保留和应去除的骨骼要十分清楚，贸然行事，制成的标本就难以达到造型的要求。

（6）对初学者而言，动物头部两个部位的剥离必须谨慎细致：一是耳道，二是眼窝。剥至耳道时，应用解剖刀紧贴耳道基部或头骨，割断耳道；剥至眼窝时，要求沿着眼睑边缘细心地剖割。这两个部位皮肤是否完整，直接影响标本外形是否美观。

（7）在剥至动物尾部时，应注意保持肛门或泄殖腔孔的完整性，此处皮肤的切割应靠近孔的内侧，使孔口仍处于闭合状态，以避免填充物外露。

（8）为使制成的标本达到长期保存的目的，需对剥取下来的动物皮毛作进一步处理。处理方法为：① 清理皮肤内表面残留肌肉、脂肪；② 清理骨骼表面残留肌肉；③ 清理脑髓。用剪刀扩大枕骨大孔，然后用镊子夹取棉球伸入脑颅腔内掏尽脑髓。

（二）防　腐

动物皮毛能够长期保存，主要是防腐剂的作用。要使标本达到长期防腐保存的目的，一是要选择防腐剂，二是在皮肤内表面涂好防腐剂。涂防腐剂时要求做到：① 及时。剥取下来的皮毛应及时涂上防腐剂，尤其是夏季，耽搁时间一久，就有腐败、脱毛、脱鳞片的可能。② 皮肤内表面、保留骨的表面以及脑颅腔内均应涂抹防腐剂。

（三）制作支架和充填

制作支架的目的是支撑动物的皮肤，其作用类似于体内的骨骼。制架材料通常选用铁丝，不同动物由于体形不同，支撑的重量不同，所用的规格也不同，应以剥制前动物实体测量的结果为参考标准。

充填的方法通常有两种：一种是假体法。根据动物实体测量的大小，用雕塑或捆绑法制作假体。常用的捆绑法是先在铁丝支架上用填充物扎成形似动物实体的假体，然后再将此假体安装入动物皮张内，最后根据需要适当补充填充物。此法的优点是充填基本上能做到一步到位，但对初学者来讲，难度较大且不易掌握。另一种是充填法，即先将铁丝支架安装于皮张内，然后根据动物实体的大小，按部位逐步将填充物填塞到皮张内，直到形似实体。此法的优点是由于填充物逐步到位，故可以随时调整充填程度，便于整形。

制作者可根据制作对象以及自身的制作技能水准来选择充填方法。不管采用何种充填方法，充填的程度均应以接近动物实体为度，要求制成的标本饱满而不失真。由于填充物本身的弹性程度不一，因此对于富有弹性的填充物，充填量可适当大些，然后通过缝合收紧以及整形使充填度接近实体；对于一些弹性程度较小的填充物，充填量必须接近实体。

（四）缝　合

缝合剖口时，要尽量利用皮张体表衍生物来隐蔽缝线。如缝合鱼类剖口时，针口可由鳞片间穿入；鸟类和哺乳类则将剖口处的羽毛或毛发拨向两侧，缝合后使缝线隐蔽于羽毛或毛发中间而不留痕迹。剖口处的缝合要求做到：① 剖口两侧的皮张要对齐。② 缝针穿入剖口两侧的皮肤应稍阔些，以免收紧缝线时扯破皮肤。③ 针距不宜太密，但也不能太疏，以防皮张干燥后填充物外露。④ 收线时，应用左手捏紧躯体两侧，尽量使剖口合拢，右手均匀用力将线收紧，然后结扎缝线。

（五）整　形

在制作剥制标本过程中，整形工作是很重要的。制成的标本是否生动、逼真，与整形有着密切的关系。整形工作包括以下几个方面：

1. 清　理

用毛刷刷去体表残留的填充物。若沾有血迹，可用纱布蘸水去除血渍，再用滑石粉吸去表面水分。

2. 整　姿

先检查标本整体充填是否均匀、对称，若有凸起、凹陷或不合适之处，可用手指略微撅、捏加以矫正，然后依据动物活着时的姿态，按照制作者的需要整姿造型。整姿造型总的要求是：① 科学性，即再现的姿态是其生活时的某一种姿态，切忌过分地艺术夸张而导致失去真实性；② 生动性，即再现的姿态力求生动活泼。整姿造型虽然是剥制标本制作过程中技术难度较大的一个环节，但是通过剥制前对活体生态的仔细观察，耐心细致操作，经过多次实践积累经验，也是不难掌握的。

3. 镶装义眼

镶装义眼前根据被剥制动物虹膜部分的色彩，用同样颜色的油画颜料在玻璃眼球黑色部分外圈涂色，晾干备用。镶装义眼时，用解剖针拨开眼睑，将义眼的铁丝脚插入事先已填塞棉花的眼眶间使之固定，然后用解剖针挑拨眼睑，使其遮住义眼的边缘。

4. 固　定

制成的标本大多固定在木质板或树枝等物体上。

5. 上　色

一些体表裸露的动物剥制标本以及鸟类和哺乳类的裸毛区域，根据需要可上色。上色应依据剥制前对动物体体色的记录或参照有关的彩色图谱。上色后的标本一般要阴干 1~2 d，最后用毛笔在体表上色部位涂上薄薄一层清漆。清漆的作用在于：① 防止油画颜色被揩掉；② 增加体表的光泽；③ 对于体表有鳞片的动物标本，还具有保护鳞片、防止脱落的功效。上色应注意色彩尽量接近动物的原有体色。注意漆不能涂得太厚，以免标本失真而被误视为模型。

附录 F　骨骼标本的制作

制作骨骼标本通常包括清除肌肉、脱脂、漂白、整形和装架等步骤。不同的脊椎动物，在骨骼标本制作上常有不同的要求和特点，需根据用途和目标来选择最合适的制作方法。

清除肌肉是其中重要而复杂的环节，可结合骨骼特点和制作目标选用下列方法：（1）虫蚀法，这是一种通过生物作用来剥离骨骼上肌肉的方法，常用的是鲤节虫，这种方法不会对骨骼造成损害，能够保留骨骼的原貌；（2）化学腐蚀法，使用氢氧化钠溶液浸泡，根据骨骼的大小和质地调整药物的浓度和时间，这种方法适用于较粗大的骨骼；（3）水煮法，将动物骨骼置入含有水和少量碱液的容器中煮沸，待韧带变黄后剔除软组织；（4）自然腐蚀法，将骨骼埋入泥土或水中，让肌肉等组织自然腐败分解。

现以青蛙和家兔为代表，介绍骨骼标本的一般制作方法。

一、青蛙的骨骼标本制作

1. 处　死

选择体形大而完整的青蛙，放入标本缸中用乙醚或三氯甲烷深度麻醉致死。

2. 剔除肌肉

用剪刀剪开腹部皮肤，然后向两侧剪开，分别向前后四肢各方向拉下皮肤，剪开体壁，取出全部内脏。把左、右上肩胛骨的肌肉从第2、3脊椎骨横突上剥离，左右前肢与肩带之间不要分开，仍借助韧带保持相连。剔除前肢肌肉时，用镊子夹住前肢并放入开水中煮烫，使肌肉发紧变硬，利于剔除。但时间要短，避免骨连接处分离。后肢在股骨与腰带连接处取下来，按前肢处理方法剔除肌肉。头部和脊柱先在开水中稍煮一下，然后剔除其肌肉。去掉眼球，从枕骨大孔处用镊子清除脑髓，并用清水冲洗。在骨骼上，不易剔除的碎小肌肉，可用刷子刷洗，直到清除干净为止。对薄小的舌骨，应仔细清除肌肉，然后夹在二片载玻片之间，用线缠紧，自然干燥。

3. 脱　脂

把骨骼浸泡在 0.5%~0.8% 氢氧化钠溶液中 1~3 d，去除一些难以除去的肌肉，脱去骨骼中的油脂。然后取出在清水中漂洗干净。

4. 漂白

用 0.5%~1% 的过氧化氢漂白 30 min，或用 1%~3% 的漂白粉水溶液浸泡 1~3 d。浸泡时间应灵活掌握，主要看骨骼是否已经变白。变白后应马上捞出，否则，骨面会因腐蚀而变粗糙，失去骨骼的光泽。捞出的骨骼用清水冲洗干净后晾干。

5. 整形和装架

取一块泡沫塑料板，将骨骼放在上面。整形时，把躯体和四肢的姿态整理好，并按骨骼相应的位置用大头针固定，以免在干燥过程中变形。离散的骨骼可用乳胶粘连或用细铁丝串联起来。两块上肩胛骨应附着在第 2、3 椎骨横突的两侧，前肢的腕骨和后肢的趾骨可用乳胶粘在泡沫板上。

骨骼标本制成后，最好装入标本盒保存。

二、家兔的骨骼标本制作

1. 处死

家兔的处死不宜用窒息的方法，以免淤血积于骨髓中，使骨骼不易漂白。可在家兔深麻状态下剪断其颈动脉，以放血的方法将其处死。

2. 解体

将家兔的皮肤自腹面剪开，使其与躯干肌肉分离，最后将皮肤完全剥下。注意不要损坏尾椎骨。剪开腹壁，去除内脏，此时需注意保护肋骨，尤其是软肋部分。初步去掉四肢及其他部位的大块肌肉。按照家兔骨骼构造上的特点，把尸体分解成头部、躯干部和附肢部。

3. 剔除肌肉

剔除肌肉是件细致的工作。头骨上的肌肉不易剔除，可将头骨稍煮一下。在热水中浸煮的时间应根据不同部位的骨骼分别对待，家兔四肢骨中的腕、掌、指骨、跗、蹠、趾骨等及肋骨的肋软骨部分都不宜在沸水中久浸。

脑和脊髓必须除净。去脑时可先用镊子或解剖针自枕骨大孔插入，将脑捣碎，然后用镊子卷一团棉花通入颅腔，把脑挤出，最后用清水冲洗。除脊髓时可用小镊子将其分段自椎间孔中取出，或用细长的小刷伸入椎管中来回刷洗，直到清除干净为止。长骨中的骨髓也必须去掉。先在长骨的两端各钻一孔，用注射器将水自一端孔注入骨髓腔中，骨髓则从另一孔中随水流出，经几次冲洗，大部分骨髓即可除净。此项工作应较早进行，时间久了骨髓会和骨腔干结在一起。

4. 腐蚀和脱脂

将骨骼浸于 0.7%~0.9% 氢氧化钠溶液中数日，待残留在骨骼上的肌肉膨胀成半透明状态，把骨骼取出用清水冲洗，再剔除残留肌肉。最后，将骨骼浸泡在汽油中脱脂 7~10 d。

5. 漂　白

将骨骼浸在 10% 过氧化氢溶液中 1~2 d。以漂到洁白为度，时间不宜过长。漂白后取出，用清水冲洗干净并晾干。

6. 整形和装架

先用一根粗细适宜的铁丝，前端打结缠上棉花，蘸少许乳胶，从头骨的枕骨大孔处插入颅腔固定。另一端由颈椎经胸椎穿入尾椎，穿时要注意随体形的弯曲而弯曲。头骨的下颌可用 2 条自制的小弹簧把下颌钩在眼眶上方，这样，下颌就可以上下活动了。再用较细的铁丝或细铜丝按原距离把浮肋扭结起来，末端固定于腰椎上。在四肢骨两头钻孔，而后将铁丝插入，穿连起来。前肢连于肩胛骨上，肩胛骨用细铁丝和第一肋骨连接。后肢从髋臼处用已穿入后肢内的铁丝和腰带相连接。整个骨架连好以后，将其放置在台板上。用 2 根长短适宜的粗铁丝支撑标本，1 根固定在颈椎后部，2 根固定在腰椎上。前、后肢关节自然弯曲，将穿入四肢骨的铁丝下端固定在台板上。

附录G 石蜡切片技术

石蜡切片是将组织经过取材、固定、水洗、脱水、透明、浸蜡、包埋、切片与附贴、烤片、染色、封固等步骤制作而成,以利于在光源显微镜下观察。

一、取 材

取材应注意事项:
(1)切取组织应根据需要观察的部位进行选择。例如:肾脏应纵切,包括被膜、皮质、髓质和肾盂;肝、脾组织纵横切均可,应包括包膜在内;胃肠道应包括管壁的全层结构等。病理组织除切取病变部位外,还要切取病变和正常组织交界区域,以利观察分析。
(2)切取的组织必须新鲜。防止组织收缩变形,发生自溶。
(3)切取组织时,刀要锋利,动作要轻,不可来回切割,也不要挤压或牵拉组织,以免组织变形或内部结构受损。
(4)切取的组织不能过大过厚,组织块的大小一般为 0.5 cm × 0.5 cm × 0.2 cm、1 cm × 1 cm × 0.3 cm 或 1.5 cm × 1.5 cm × (0.3~0.5) cm,最厚不能超过 0.5 cm。对柔嫩组织可先取稍大组织固定数小时,待组织稍硬后,再修切成所需大小的组织块继续固定;对被膜厚而坚实的器官,须切开被膜,以利于固定液的渗入;对小动物的器官及达不到所需求的组织块大小的组织,在不考虑纵横切时,应尽可能地使切面大,以利于制片及观察;对于细小而薄的组织,如神经、肠系膜等,应将其平摊于吸水纸或厚纸片上,再放入固定液中,以防止由于固定液的作用而引起组织扭曲变形。
(5)采取消化道组织时应保持清洁。可用生理盐水或固定液轻轻洗去食物残渣等内容物,再放入新的固定液中,以防止混入其中的砂粒等异物损伤刀片。
(6)采取的不同组织块,必须根据切片的要求和需要分瓶进行固定,加标签以示区别,并注明固定液、名称、来源、日期等。

二、固 定

固定就是将采取的新鲜组织,放入固定液内,借助化学药品的作用使细胞内的蛋白质、脂肪、糖、酶等各种成分沉淀保存下来。同时,使组织硬化不变形,以利于固定以后的处理。

（一）固定液的用量

固定液的用量一般为组织块体积的 10 倍左右。在将组织放入标本瓶内前，在标本瓶底部垫以脱脂棉花，以防组织贴于瓶底或瓶壁，并在固定期间轻轻摇动标本瓶，以利于固定液的渗入。对漂浮于液面上的组织（如肺、气管等）可在液面上铺一层脱脂棉或对其抽气，以使固定液充分渗入组织。

（二）固定时间

固定时间应根据组织的种类、性质、大小，固定液的种类、性质、渗透力的强弱而定。可从 1 h 左右到几十小时或几天。一般组织用 10% 福尔马林溶液固定 24 h 左右，波音氏（Bouin）固定液固定 12~24 h，卡诺氏（Carnoy）固定液固定 1 h 内等。固定时间与温度密切相关，适当地升高温度可缩短固定时间。但一般不要求，因为加热会加速组织自溶。

（三）常用固定液

固定液的种类繁多。由单一化学物质组成者称单纯固定液，由多种化学物质混合组成者称混合固定液。可根据研究的目的、方法以及组织种类的不同，选择适当的固定液。

常用固定液介绍如下：

1. 单纯固定液

（1）福尔马林固定液：甲醛 10 mL，蒸馏水 90 mL。

甲醛为市售的 40% 甲醛，通过配制实际上得到的是 4% 的甲醛水溶液，习惯上称为 10% 福尔马林溶液。此固定液渗透能力强，固定均匀，组织收缩小，但经乙醇脱水后收缩较大，是最常用的固定液之一。

（2）酒精固定液：无水乙醇溶液 85 mL（或 95 mL），蒸馏水 15 mL（或 5 mL）。

该固定液为 85% 或 95% 酒精溶液，有固定兼脱水作用，固定后可直接放入 85%~95% 酒精溶液中脱水。但该固定液固定速度较慢，易使组织变脆。一般先用 85% 酒精溶液固定数小时再放入 95% 酒精溶液中继续固定。对糖原、纤维蛋白和弹性纤维等固定效果好。

除此之外，还有重铬酸钾、苦味酸、升汞、醋酸、丙酮等配制的单纯固定液。

2. 混合固定液

（1）波音氏（Bouin）固定液：饱和苦味酸水溶液 75 mL，甲醛 75 mL，冰醋酸 5 mL。使用时将上述三种溶液混合。

该固定液渗透迅速，固定均匀，组织收缩小，切片着色良好。一般动物组织、昆虫组织、无脊椎动物的卵和幼虫等，均可用此液固定。

（2）卡诺氏（Carnoy）固定液：无水乙醇 60 mL，三氯甲烷（氯仿）30 mL，冰醋酸 10 mL。

此液固定速度快，一般组织 1 h 内即可固定，大块材料最多不超过 4 h。如固定时间过久，组织不仅会产生膨胀，且有硬化现象。此液可固定细胞质和细胞核，尤其适宜染色体的固定。

（3）中性福尔马林固定液：甲醛 100 mL，蒸馏水 900 mL，磷酸二氢钠 4 g，磷酸氢二钠 6.5 g。

此液也是最常用的固定液之一。渗透性好，组织收缩小，固定效果佳。一般组织固定 24 h。此外，还有辛克氏（Zenker）液、酒精福尔马林液等混合固定液。

三、洗涤（或水洗）

组织在固定后要把渗入里面的固定液洗去，否则留在组织中的固定液会妨碍切片和染色。冲洗时间、方法视固定液的种类和组织而异。固定液为甲醛水溶液或以水配制的其他溶液可用流水冲洗。一般组织冲洗 1~10 h；大动物组织冲洗 24 h；新鲜标本的固定时间短，冲洗时间也应相应缩短或免去水洗；长久固定于福尔马林溶液中的组织应充分水洗。固定液为酒精或酒精混合液的，一般不冲洗，如需冲洗应使用与固定液中同浓度的酒精冲洗，不可用水冲洗。

四、脱　水

组织经固定和水洗后会有多余水分。水与透明剂、石蜡不能溶合，在透明、浸蜡处理前必须进行脱水。

1. 脱水剂

脱水剂具有既能与水任意混合，又能与溶解石蜡的透明剂（有机溶剂）相溶合的特性。至于选用何种脱水剂，应根据固定液的要求而定。脱水剂有酒精、丙酮等，酒精为最常用的脱水剂。

酒精的脱水能力较强，穿透速度快，可硬化组织，对组织有较明显的收缩作用。一般从 70% 酒精溶液开始，由低浓度酒精溶液到高浓度酒精溶液逐步递增。如果固定液为酒精溶液，则应从与固定液中相同浓度的酒精溶液开始脱水。对一些柔软组织、低等无脊椎动物组织需增加酒精级数、缩水浓度差异，应从 70% 酒精溶液以下 50% 或 30% 开始脱水，否则收缩较大。

2. 脱水时间

脱水的时间根据组织的种类、体积大小和厚度而定，一般与组织的大小成正比。适当加温可缩短脱水时间，一般组织酒精溶液脱水的浓度及时间如下：

酒精溶液浓度	脱水时间	45~50 ℃ 恒温箱中脱水时间
70%	2~4 h	30~40 min
80%	2~4 h	30~40 min

90% 或 95%	2~4 h	1 h
无水乙醇 I	2 h	1 h
无水乙醇 II	2 h	1 h

组织在 70%、80% 或 85% 酒精溶液中长时间脱水对组织不会有影响；但在 95% 酒精溶液、无水乙醇中的脱水时间不能太长，否则会引起组织收缩和脆化。如果脱水过程中遇到特殊情况（不能继续下面的步骤），而组织正在无水乙醇或 95% 的酒精溶液中，这时可返回 80% 的酒精溶液中保存一段时间。在实际操作中酒精溶液的浓度和脱水时间可根据组织种类和大小加以调整。

五、透 明

为使石蜡能浸入组织块，组织脱水后，必须经过一种既能与酒精相混合，又能溶解石蜡的溶剂，通过这种溶剂的媒介作用，达到石蜡浸入组织块的目的。

透明剂有二甲苯、甲苯、正丁醇等。二甲苯是最常用的透明剂。

二甲苯透明力强，作用较快，但容易使组织变脆变硬，所以组织不能透明过久。组织在放入二甲苯中透明前最好先放入纯酒精与二甲苯等量混合液中 0.5~1 h 处理，再放入二甲苯中透明，一般需 15~30 min，期间需更换一次二甲苯。此时，组织块因种类、大小不同，呈现不同程度的透明状态，一般以变透亮为好。

如果用正丁醇透明，虽然透明速度没有二甲苯快，但组织可在内停留一段时间，且不易使组织变脆。组织经正丁醇透明后不呈现透明状态。

透明剂、透明时间也要根据组织的种类、大小作相应的调整。

六、浸 蜡

组织透明后，放入熔化的石蜡内浸渍，使石蜡在渗入组织的同时取代组织内的二甲苯，这个过程称浸蜡。

石蜡的熔点有多种，低熔点的有 42~45 ℃、45~50 ℃ 等，高熔点的有 56~58 ℃、58~60 ℃ 等。具体应用时，应考虑当时的情况，一般在夏季温度较高的情况下，采用熔点高的石蜡（56~60 ℃），而在气温较低的冬季，应用熔点略低的石蜡（52~54 ℃）。一般常用熔点为 52~60 ℃ 的石蜡。

组织浸蜡前可在石蜡与二甲苯的等量混合液内过渡处理 0.5~1 h，再放入已熔化的石蜡内。组织的浸蜡温度（恒温箱温度）比所用石蜡的熔点高 2 ℃ 最为适宜。组织块总的浸蜡时间为 3~5 h，期间需更换一次石蜡。

浸蜡时间应根据组织块的种类、大小及温度情况（适当升高温度可缩短浸蜡时间）灵活掌握。

七、包　埋

在进行石蜡包埋时，先将熔化好的石蜡倒入包埋框，然后用加温的镊子将被石蜡充分渗透的组织块放入包埋框，放入组织时注意切面朝下，与底板相平行。放入组织后，可将准备好的标签放在待凝固的石蜡面上，让石蜡浸透，这样石蜡凝固后标签不易脱落，特别是样品较多时，组织蜡块之间不会混淆。包埋时所用蜡的温度与浸蜡的温度应接近或比其高 2 ℃ 左右。包埋过程中，石蜡易凝固，要随时使其熔化。待包埋完毕、蜡块稍凝后，可移入冷水中加速凝固（特别是夏季）。待完全凝固后，再对蜡块进行修整，切去标本周围和表面过多的石蜡。

新的石蜡密度疏松，最好进行反复多次熔化和冷却使其密度增加，再用来浸蜡包埋，以利于切片的制作。

八、切片和附贴

组织经石蜡包埋后制成的蜡块，用石蜡切片机切成薄片的过程称切片。

1. 切片前的准备

（1）切片多使用轮转式切片机。切片前必须了解切片机的基本结构和性能。锋利的切片刀或刀片是保证切片质量的关键。切片刀需装上刀背、刀柄，在油石上磨或装上刀背在磨刀机上磨 0.5~1 h 才可用来切片。将石蜡包埋的组织块固定在切片机固定装置上，将刀架安装在切片机上，再把一次性刀片装入刀架进行切片。

（2）载玻片的处理。先用洗液浸泡 24 h 左右，然后用自来水充分洗涤，直至黄色消失。放入 95% 酒精中浸泡，再用软绸布或纱布擦干待用。盖玻片也同样处理。经这样处理的玻片在下面的染色过程中不易脱片（掉片）。也可在 95% 的酒精中滴加盐酸（0.5%~1%）浸泡载玻片，再擦干备用。

（3）为了使切出的薄片能粘贴在载玻片上，可用蛋清与甘油（1∶1）混合物均匀抹在载玻片上，再使切片附贴在载玻片上。实践表明，相关步骤处理得当（如载玻片的处理、烤片等），也不易掉片，所以，可不用上述黏附剂。

另外，准备水浴锅、蓬松的中号毛笔、眼科镊、水槽等物品。

2. 切片制作过程

（1）一般情况下，先把组织蜡块放入冰箱中冷冻，以利于切片（尤其是夏季），再放入切片机的固定装置上，将刀架、刀片或切片刀固定在切片机上，使刀刃与蜡块的夹角呈 5°，然后调整蜡块与刀至合适位置，使蜡块与刀刃平行接触。

（2）切片时，左手执毛笔，右手旋转切片机转轮。先将切片厚度调至 10 μm 左右，切去多余部分直至组织全部暴露为止。然后，将切片厚度调至所需厚度再进行切片。转动切片机时不可太快，以每分钟转速 40~50 次为宜，用力要均匀。切出蜡片（或蜡带）后，左手用毛笔将蜡带轻轻托起，右手用眼科镊夹住，正面向上放入有水的水槽内或30%左右的酒精水溶液中使其展开，如未展开，可用眼科镊轻轻拨动打开皱褶；也可直接放入40 ℃左右的温水中展平。

（3）用处理好的载玻片捞起蜡片（捞片），放入45 ℃左右的水浴锅内展平（烫片），然后再捞起，使切片（蜡片）附贴在载玻片长度的3/4~3/5处的中央，留出贴标签的空间。切片附贴后，立即用记号笔标好名称或编号等。

（4）在切片过程中，一定要固定好蜡块、刀片或切片刀，不能有一点松动，注意刀与蜡块的角度。出现蜡片上卷、裂隙、刀痕等情况应立即移动刀片或切片刀，换至刀刃锋利处。毛笔必须由下向上拨动，烫片时水温不宜过高。

九、烤 片

附贴在载玻片上的切片，必须放入恒温箱或烤片箱中烘烤，使其干燥，保证切片被粘牢。根据制片的要求调节烤片的温度，一般40 ℃左右需烤1 d。提高温度可缩短烤片时间，60 ℃左右烤0.5~1 h。放在酒精灯上烤片（必须来回晃动），或70 ℃左右的温度烤片，只需3~5 min即可。如切片要求不宜高温（如免疫组织等），不能用此法。如果烤片温度太低、时间不够，在下面的染色过程中会出现脱片、掉片现象。

十、染 色

苏木素（Hematoxylin）和伊红（Eosin）染色方法，是生物学、医学上细胞与组织学和病理学等最广泛应用的染色方法，简称HE染色法。切片经染色后，细胞结构清晰、鲜明，具有明显的对比性，有利于观察细胞形态的变化。

（一）苏木素（精）-伊红染色方法

经烘烤过的切片，先用二甲苯脱去切片中的石蜡，然后用酒精洗去用于脱蜡的二甲苯。酒精溶液由高浓度向低浓度逐级下行入水，再用水洗，才能使苏木精染液进入细胞核中，使细胞核染色。染色后水洗，洗去未与切片结合的染液，此时切片是深蓝色的。水洗后用盐酸酒精溶液分色，使细胞中结合过多的染料和细胞质中的染料脱去，此时，切片呈淡红色，分色时间要严格控制。分色后立即放入流水中充分冲洗，除去分色液和脱下的染料，同时中止分色作用，水洗至天蓝色为止；或分色后水洗一下，再放入稀氨水中，切片很快恢复蓝色，可缩短返蓝时间。然后放入伊红染液，使细胞质染色。再经过酒精溶液上行脱水放入二甲苯中透明，即完成染色过程。

具体步骤如下：

（1）二甲苯Ⅰ（10 min）

（2）二甲苯Ⅱ（5 min）

（3）无水乙醇（1 min）

（4）95% 酒精溶液（1 min）

（5）85% 酒精溶液（1 min）

（6）75% 酒精溶液（1 min）

（7）自来水洗（2 min）

（8）苏木精染液（5~10 min）

（9）自来水洗（1~5 min）

（10）1% 盐酸酒精溶液（3~15 s）

（11）自来水洗（0.5 h 以上）

（或自来水洗 1 min，0.5% 左右的稀氨水返蓝 1 min，再水洗 1 min）

（12）伊红染液（0.5~1 min）

（13）自来水洗（0.5~1 min）

（14）85% 酒精溶液（1 min）

（15）95% 酒精溶液（1 min）

（16）无水乙醇Ⅰ（2 min）

（17）无水乙醇Ⅱ（2 min）

（18）二甲苯Ⅰ（2~3 min）

（19）二甲苯Ⅱ（2~3 min）

以上为常规染色步骤。通过改进，上述操作中第（14）~（19）步可省去，原第（13）自来水水洗时间改为 3~5 min，然后放入 50 ℃ 左右的恒温箱中干燥或自然风干，直接滴加中性树胶，盖上盖玻片即可，在封固的同时也起到了透明作用。

染色后，细胞核呈蓝色，细胞质、肌肉、结缔组织等呈不同程度的红色。切片红蓝相映，色彩鲜明。

（二）苏木精（素）-伊红染色液的配制

染液的配方很多，可根据不同需要选用不同的配方，Harris-伊红（HE）配方最常用。

1. Harris 苏木素染液的配制

苏木色精	1 g
硫酸铝钾	20 g
无水乙醇	10 mL
蒸馏水	200 mL
氧化汞	0.5 g

配制染色液时先用蒸馏水溶解硫酸铝钾，用无水乙醇溶解苏木色精，然后将两液混合，加热煮沸后，离开火焰，缓缓加入氧化汞，同时搅拌，再移至冷水中速冷，隔日过滤。若另加 4 mL 冰醋酸则对核着色效果更好。

2. 伊红（曙红）酒精染液的配制

曙红 Y　　　　　　　　　　　　0.5 ~ 1 g
85% 酒精溶液　　　　　　　　　100 mL

将曙红 Y 溶于酒精溶液中，待完全溶解后，加 1 ~ 2 滴冰醋酸，以利于染色。

3. 1% 盐酸酒精溶液的配制

85% 酒精溶液 100 mL 中加入 1 mL 盐酸。

十一、封　固

切片经染色透明后，将其取出，擦去多余二甲苯，滴 1 滴中性树胶，将盖玻片覆盖于切片上。中性树胶滴加不宜太多，以免增加载玻片与盖玻片之间的厚度，影响高倍显微观察。加盖玻片时，应慢慢盖上，避免产生气泡，如出现气泡，可轻压盖玻片，使气泡慢慢排出，然后在载玻片上的一端贴上标签，注明名称、编号等。

石蜡切片的制作程序较多，无论哪个环节出现问题，都会影响下面步骤的进行，从而影响切片的整体质量。所以，必须经过实践、摸索，才能更好地掌握石蜡切片技术。

近年来，随着生物应用科学的发展，石蜡切片技术的应用越来越广泛，如原位核酸杂交技术（简称原位杂交）、免疫组织化学技术等。这些技术的不断涌现，使生物学研究达到了前所未有的深度，同时也拓宽了石蜡切片技术的应用范围。

参考文献

[1] 白庆笙，王英永，等. 动物学实验[M]. 北京：高等教育出版社，2007.

[2] 丁春邦，温安祥. 普通生物学实验[M]. 成都：四川科学技术出版社，2003.

[3] 丁瑞华. 四川鱼类志[M]. 成都：四川科学技术出版社，1994.

[4] 黄诗笺，刘思阳，卢欣. 动物生物学实验指导[M]. 北京：高等教育出版社，2001.

[5] 姜乃澄，卢建平. 动物学实验指导[M]. 杭州：浙江大学出版社，2009.

[6] 李桂垣. 四川鸟类原色图鉴[M]. 北京：中国林业出版社，1995.

[7] 孙虎山. 动物学实验教程[M]. 北京：科学出版社，2004.

[8] 王爱勤，李国忠. 动物学实验[M]. 南京：东南大学出版社，2002.

[9] 王酉之，胡锦矗. 四川兽类原色图鉴[M]. 北京：中国林业出版社，1999.

[10] 杨琰云，韦正道，屈云芳. 动物学实验教程[M]. 北京：科学出版社，2005.

[11] 赵红雪，杨贵军. 动物学实验指导[M]. 银川：宁夏人民教育出版社，2007.

[12] 周一兵，曹善茂. 动物学实验[M]. 北京：中国农业出版社，2004.

附 图

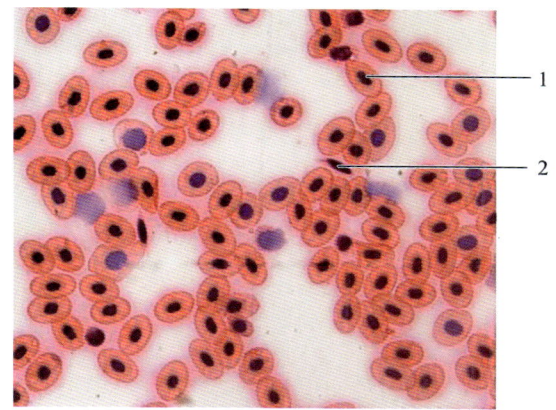

1—红细胞；2—血栓细胞。

附图 1.1　蛙的血液细胞

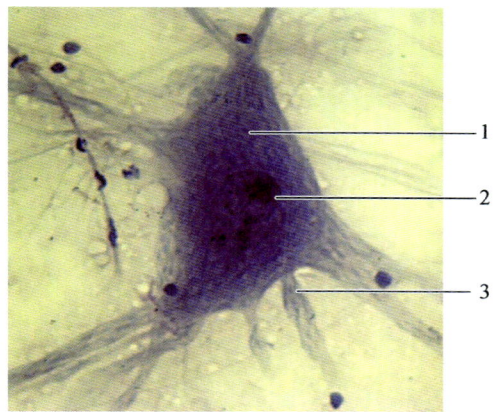

1—神经细胞；2—细胞核；3—突起。

附图 1.2　神经细胞

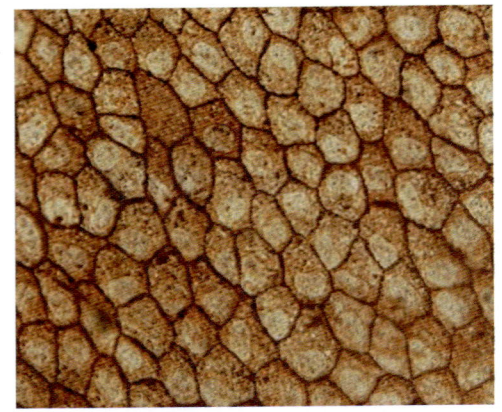

附图 1.3　蛙的表皮细胞

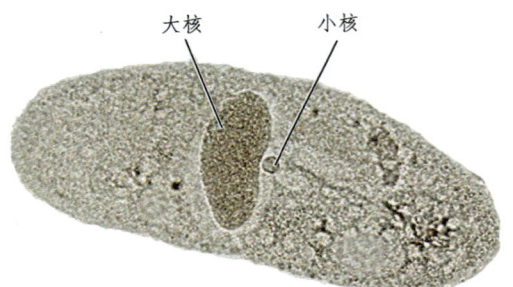

附图 2.1　草履虫的细胞核

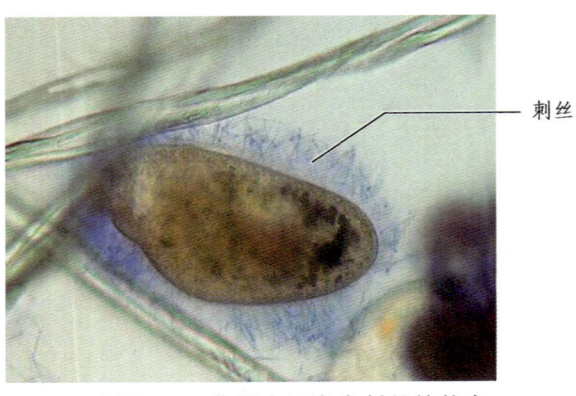

附图 2.2　草履虫已发出刺丝的状态

附图 2.3 草履虫接合生殖

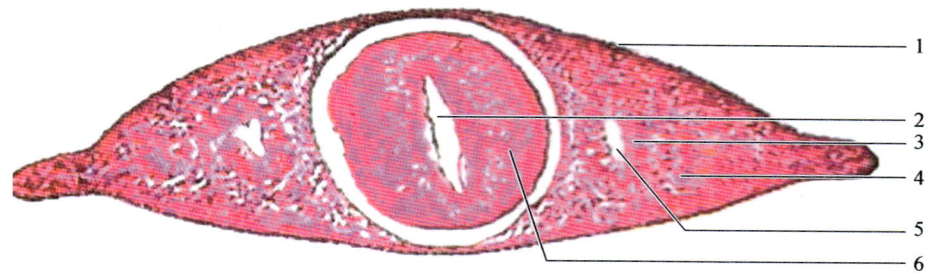

1—外胚层（表皮）；2—咽腔；3—内胚层（肠壁）；4—柔软组织；5—肠腔；6—咽壁肌肉。

附图 4.1 真涡虫过咽部横切

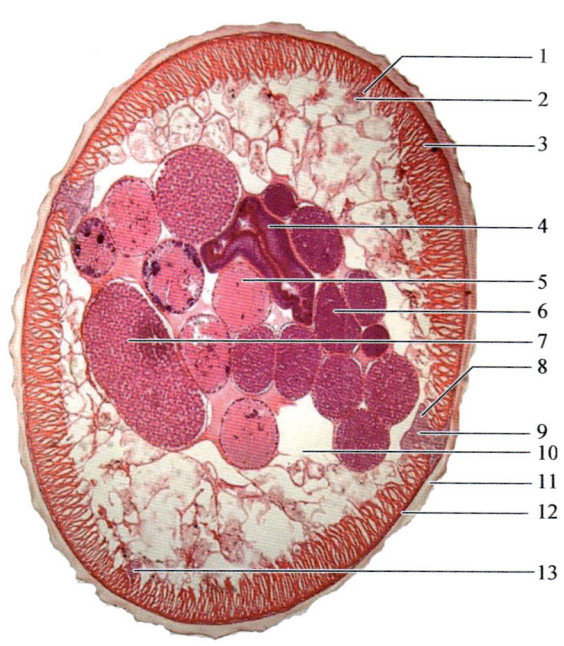

1—背线；2—背神经索；3—纵肌层；4—精巢；5—输精管；6—储精囊；7—侧线；8—排泄管；9—消化管；10—假体腔；11—角质层；12—表皮层（合胞体）；13—腹线。

附图 4.2 雄蛔虫横切

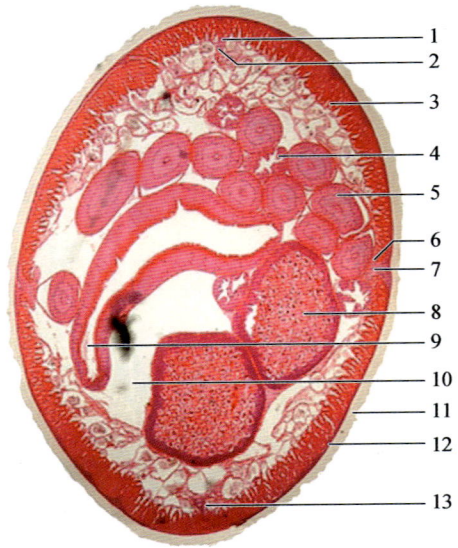

（a）雌蛔虫横切

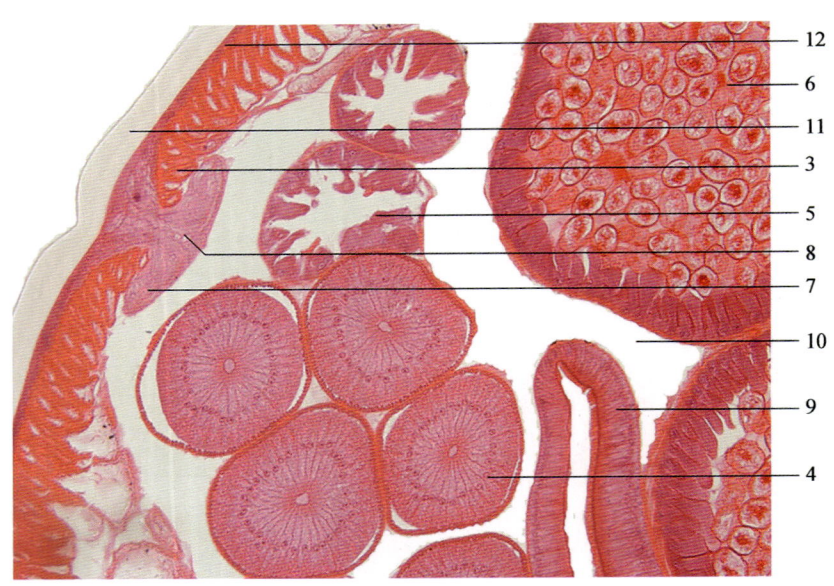

（b）部分放大

1—背线；2—背神经索；3—纵肌层；4—卵巢；5—输卵管；6—子宫；7—侧线；8—排泄管；9—消化管；10—假体腔；11—角质层；12—表皮层（合胞体）；13—腹线。

附图4.3　雌蛔虫横切

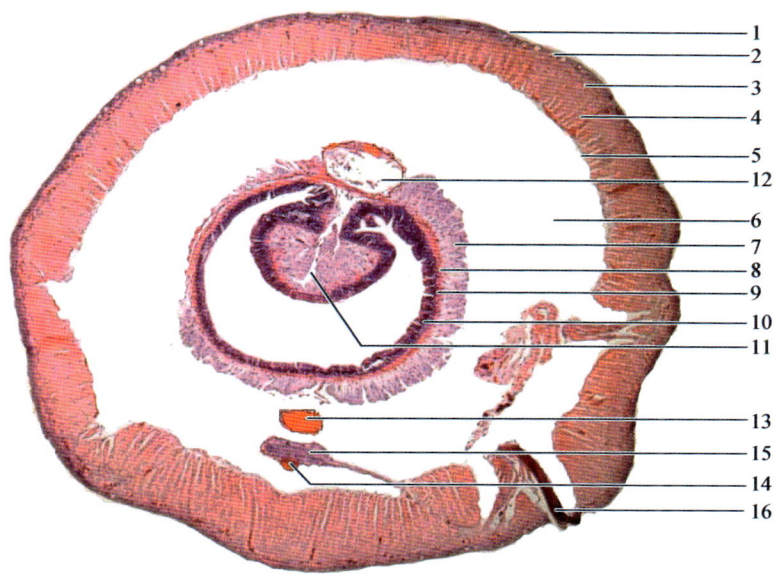

（a）蚯蚓横切

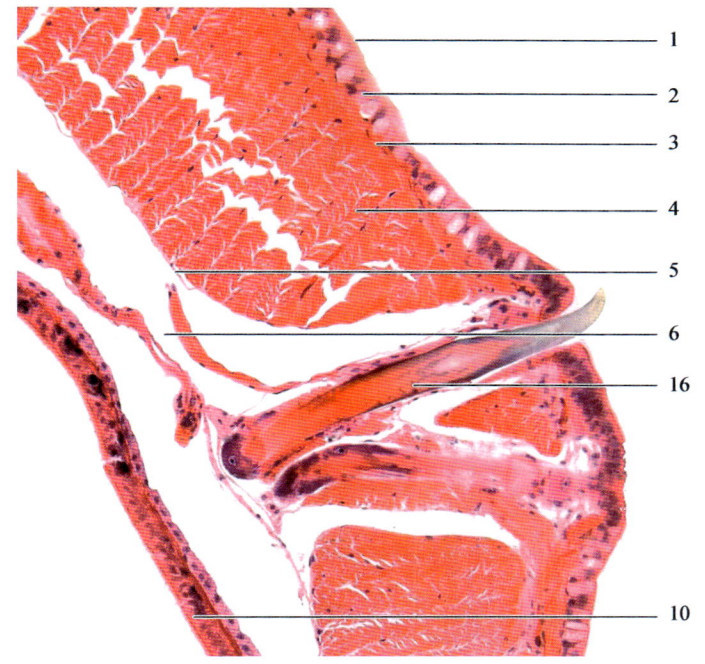

（b）部分放大

1—角质层；2—表皮层；3—环肌；4—纵肌；5—体壁体腔膜；6—体腔；7—肠壁体腔膜；8—肠壁纵肌；9—肠壁环肌；10—肠上皮；11—盲道；12—背血管；13—腹血管；14—神经下血管；15—腹神经节；16—刚毛。

附图 4.4 蚯蚓横切

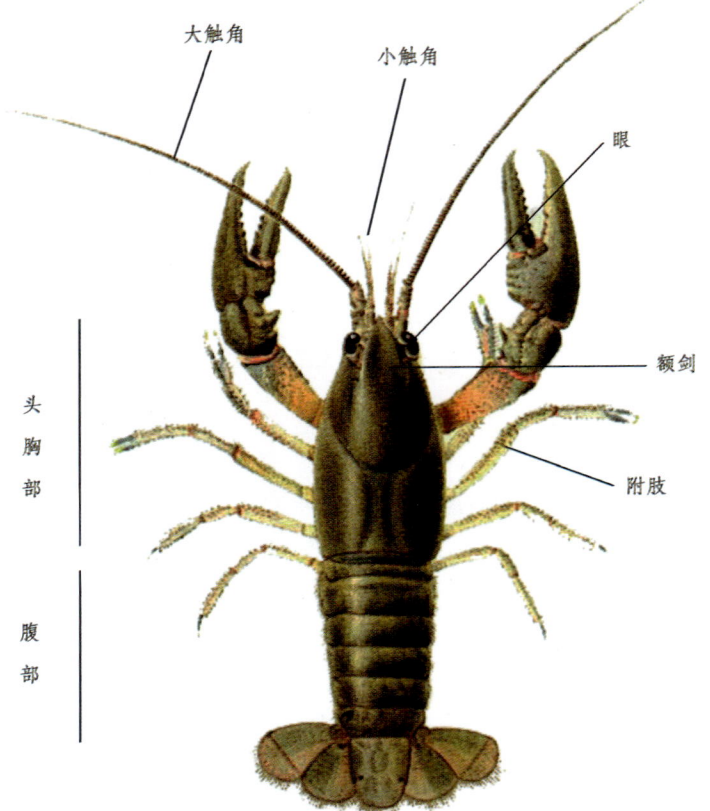

附图 6.1 鳌虾的外部形态

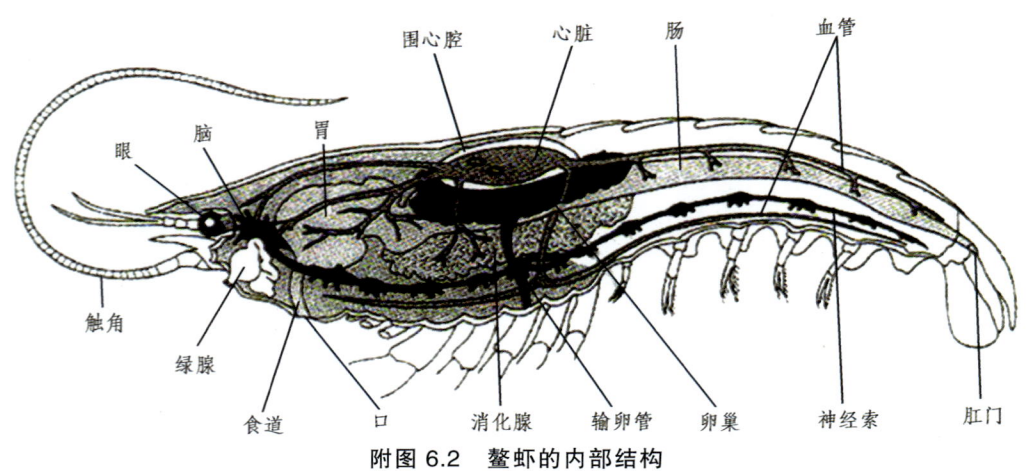

附图 6.2 鳌虾的内部结构

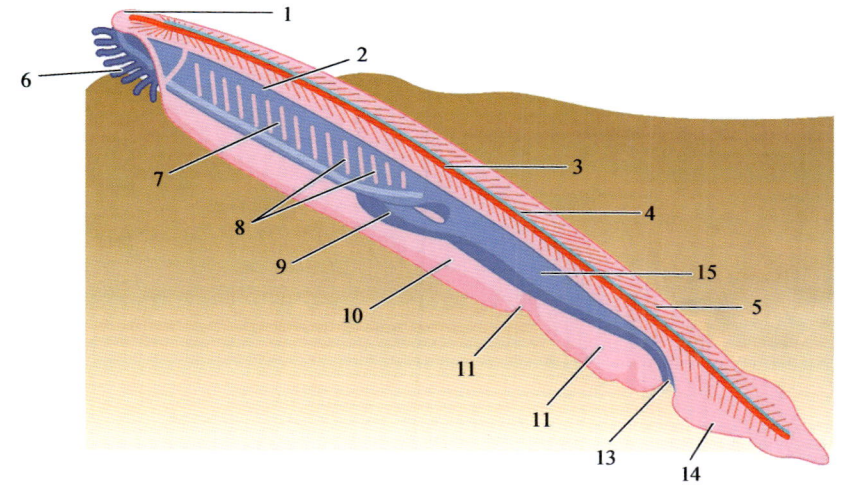

1—口笠；2—咽；3—脊索；4—背神经管；5—背鳍；6—触须；7—鳃隔；8—鳃裂；9—肝盲囊；10—围鳃腔；11—腹孔；12—腹鳍；13—肛门；14—尾鳍；15—肠。

附图 8.1 文昌鱼纵切模式图

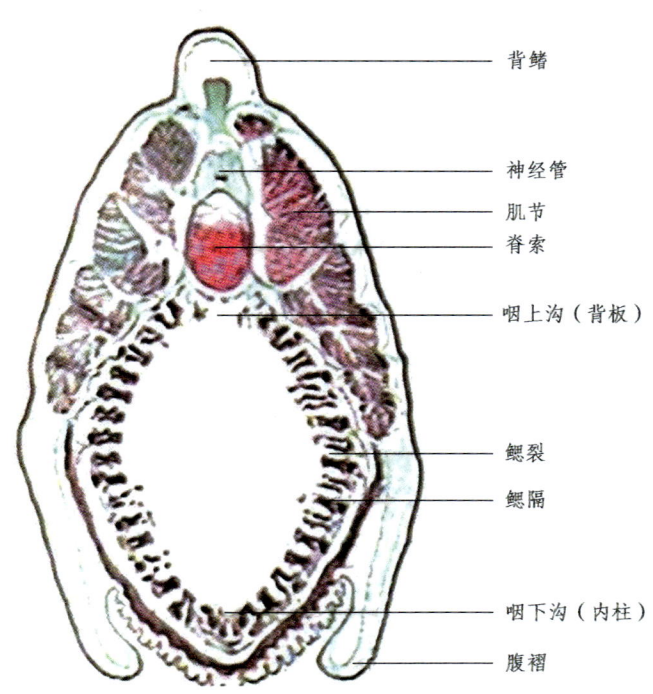

附图 8.2 文昌鱼过咽部横切

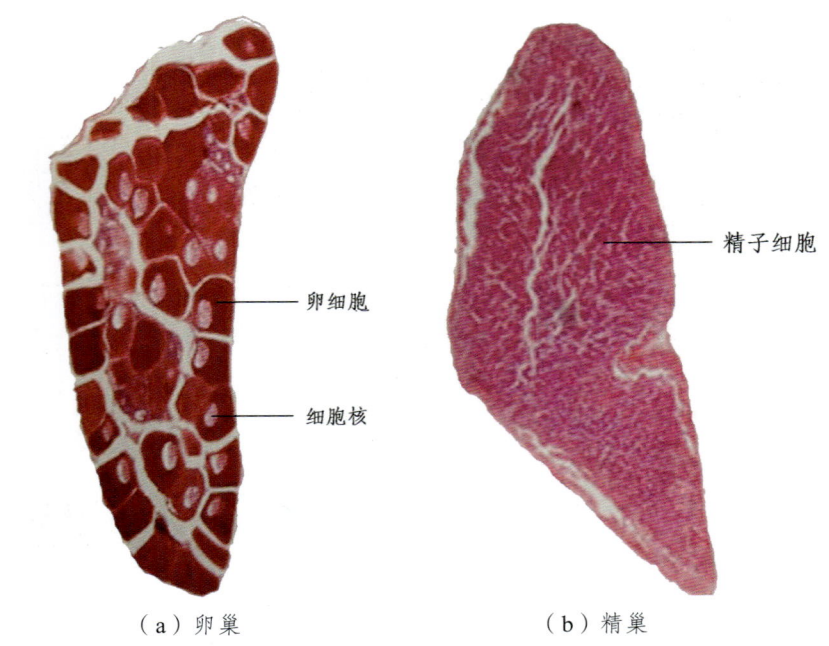

（a）卵巢　　　　　　　（b）精巢

附图 8.3　文昌鱼的卵巢和精巢

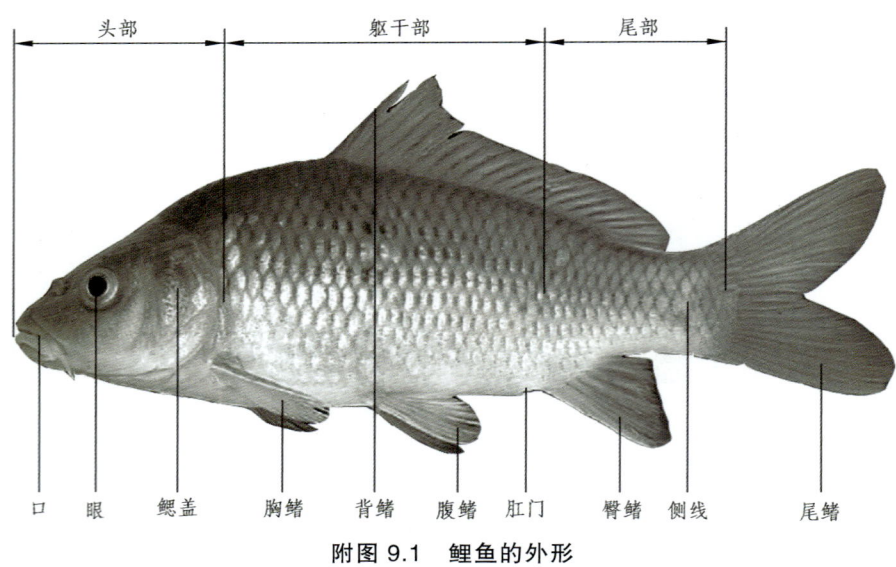

附图 9.1　鲤鱼的外形

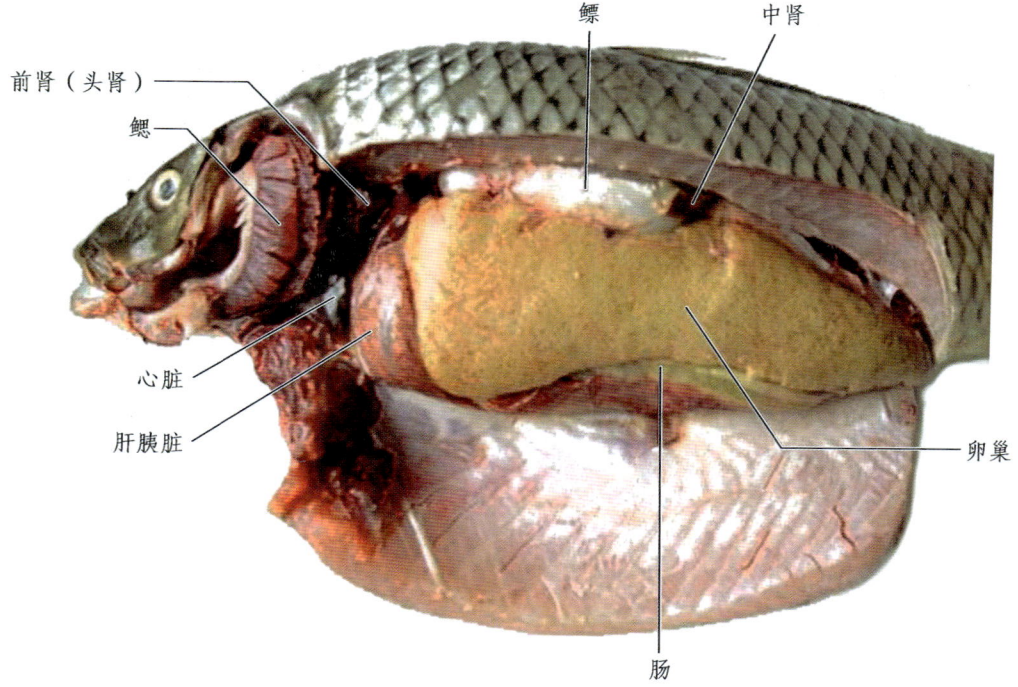

附图 9.2　鲤鱼的内脏

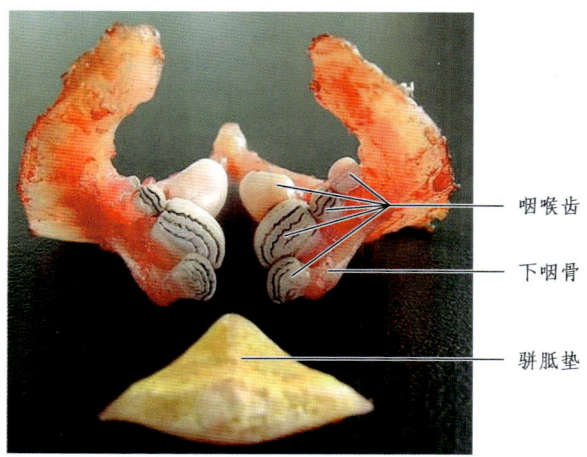

附图 9.3　鲤鱼的咽喉齿

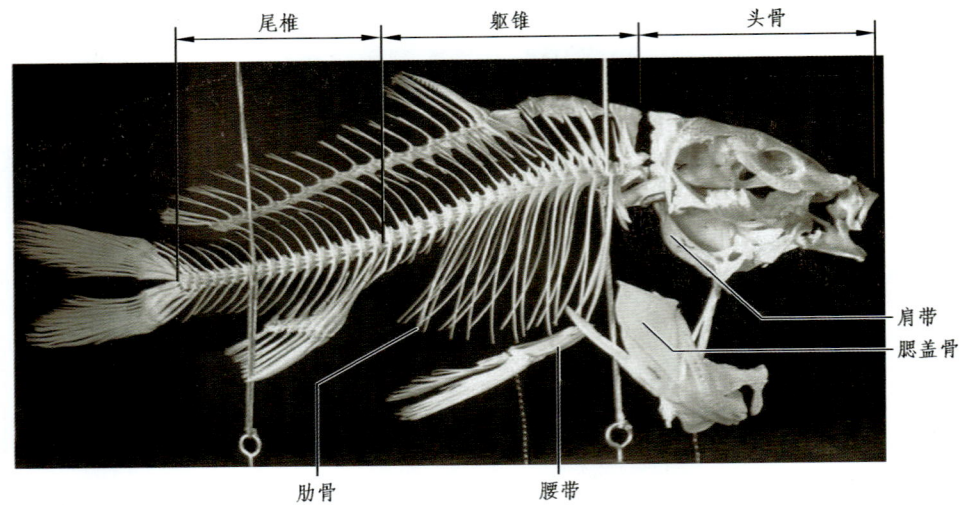

附图 9.4　鲤鱼的骨骼

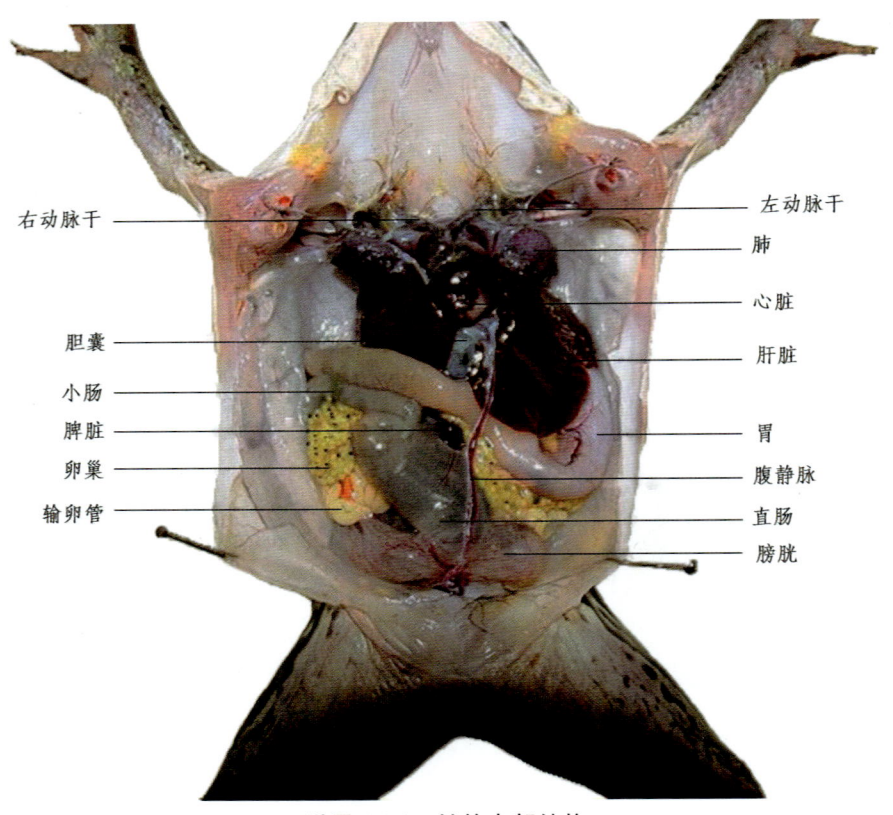

附图 11.1　蛙的内部结构

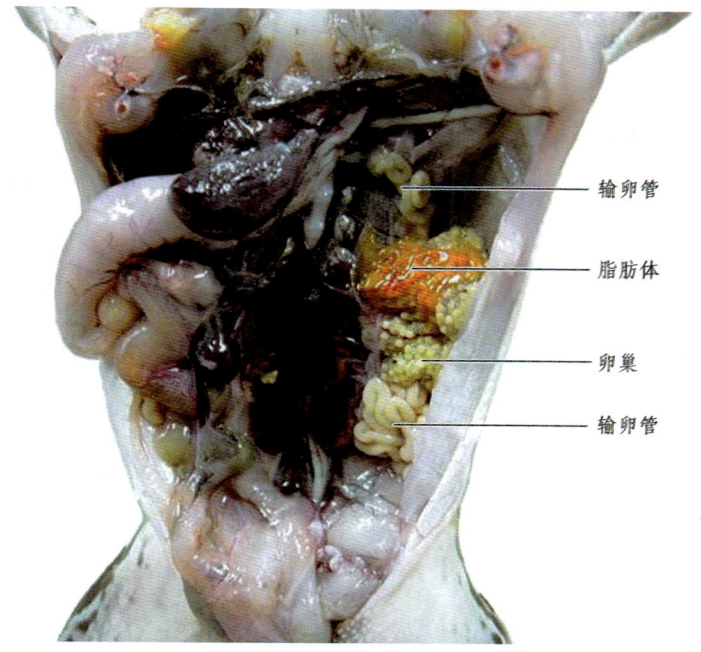

附图11.2 雌蛙的生殖系统

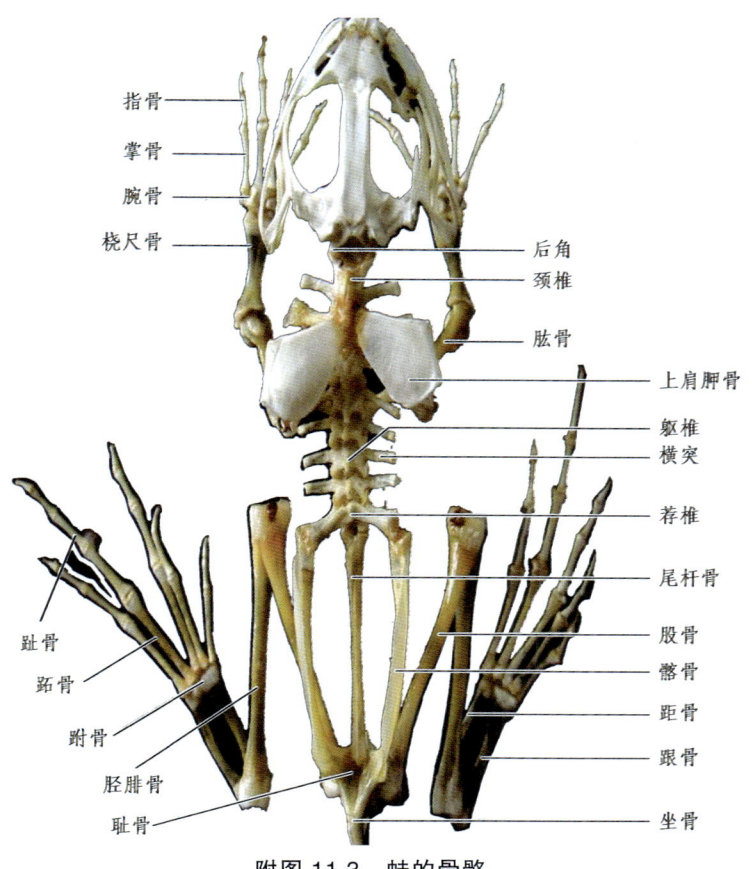

附图11.3 蛙的骨骼

附图 13.1 鸽的骨骼

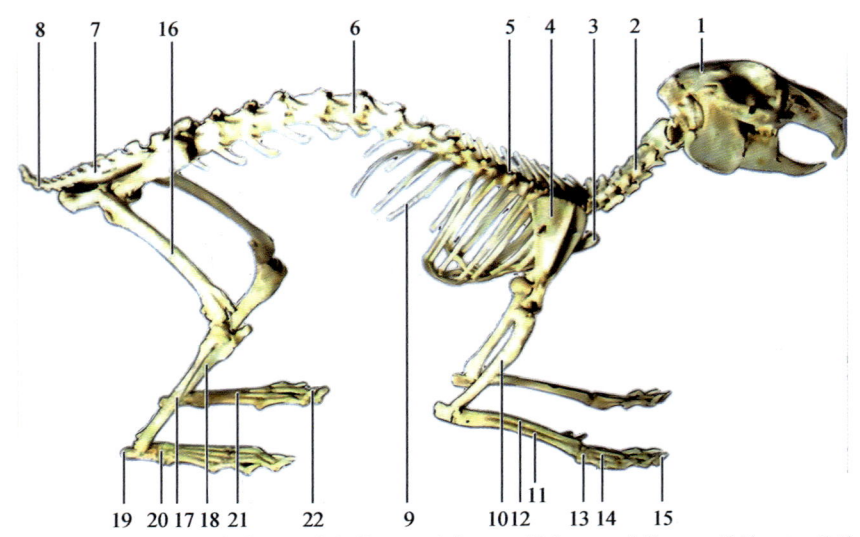

1—头骨；2—颈椎；3—胸椎；4—肩胛骨；5—胸椎；6—腰椎；7—荐椎；8—尾椎；9—肋骨；
10—肱骨；11—桡骨；12—尺骨；13—腕骨；14—掌骨；15—指骨；16—股骨；
17—腓骨；18—胫骨；19—跟骨；20—跗骨；21—髌骨；22—趾骨。

附图 15.1 兔的骨骼